变压器分接开关
监测诊断技术

国网江苏省电力有限公司电力科学研究院　编著

中国电力出版社

CHINA ELECTRIC POWER PRESS

内 容 提 要

本书系统阐述了分接开关基本原理，试验运维技术，基于振动信号、油色谱、油压及油流的分接开关在线监测技术，分接开关非电量保护配置原则等内容，并展望了相关技术发展趋势。此外，本书还对分接开头典型故障进行了分析，供读者参考借鉴。

本书可作为从事变压器和分接开关设计、制造、研究及运行、检修专业技术人员的培训、自学用书，也可作为高等院校、科研单位及相关制造厂商的学习与参考资料。

图书在版编目（CIP）数据

变压器分接开关监测诊断技术 / 国网江苏省电力有限公司电力科学研究院编著 . —北京：中国电力出版社，2022.3
ISBN 978-7-5198-6262-6

Ⅰ．①变⋯ Ⅱ．①国⋯ Ⅲ．①变压器–分接开关–检测②变压器–分接开关–故障诊断 Ⅳ．① TM403.4

中国版本图书馆 CIP 数据核字（2021）第 253069 号

出版发行：中国电力出版社
地 址：北京市东城区北京站西街 19 号（邮政编码 100005）
网 址：http://www.cepp.sgcc.com.cn
责任编辑：刘丽平
责任校对：黄 蓓 王海南
装帧设计：赵丽媛
责任印制：石 雷

印 刷：河北鑫彩博图印刷有限公司
版 次：2022 年 3 月第一版
印 次：2022 年 3 月北京第一次印刷
开 本：787 毫米 ×1092 毫米 16 开本
印 张：12.25
字 数：255 千字
印 数：0001—1000 册
定 价：65.00 元

前　言

　　电力作为能源革命的核心，是支撑能源清洁低碳发展、实现国家"双碳"目标的关键环节。作为电力系统的核心设备，变压器承担着电能传输和电压等级变换等重要任务，而作为其主要部件的分接开关则起到了调节电压的关键性作用。它既是变压器中唯一操作频繁的机械与电气结合一体的设备，也是变压器中缺陷易发且隐蔽性较高的组部件之一。

　　回顾过往，国内分接开关的生产、制造、研究及应用历史并不长，特别是在高电压等级、大容量变压器的分接开关制造及研究方面，属于变压器领域的"卡脖子"技术之一。本书力求从实用性出发，将变压器分接开关的理论研究和实践应用相结合，系统地介绍了分接开关现场应用及监测诊断方面的内容。本书共 8 章，主要包括分接开关基础知识和运维检修技术、分接开关典型故障案例分析及分接开关在线监测技术等内容，可作为从事变压器和分接开关设计、制造、研究及运行、检修专业技术人员的培训、自学用书，也可作为高等院校、科研单位及相关制造厂商的学习与参考资料。

　　本书在编写过程中，查阅了相关文献、著作、标准及资料，收集了大量的变压器分接开关产品手册、现场故障案例及现场运维检修经验，并对上述资料进行了借鉴、整理及分析。在此，对所引用资料的作者及分接开关制造厂家表示诚挚的感谢！

　　由于编写组水平有限，书中难免有疏漏之处，恳请读者批评指正。

本书编写组

2022 年 1 月

目　录

第1章

变压器分接开关概述

电能既是一种经济、绿色、清洁且容易控制和转换的能源形态，又是电力系统向用户提供的由发、供、用三方共同保证质量的一种特殊产品。作为变压器的重要组部件之一，分接开关在电力系统电能质量乃至电压质量的调节、控制中发挥着极为重要的作用。本章主要回顾了电压调节方法与变压器分接开关技术的发展历程，介绍了分接开关工作原理及结构性能，同时梳理了当前国内外电力系统中较为常用的分接开关产品。

1.1 电压调节方法与分接开关技术发展

1.1.1 电压调节方法

电压是衡量电力系统电能质量的重要指标之一。电力系统正常运行时，电压波动时有发生，实际运行电压对系统额定电压的偏差相对值称为电压偏差。电力系统的电压偏差是不可避免的。电压偏差可能为正值或负值，且电压偏差过大会对电力系统本身以及用电设备造成不良影响，严重情况下可能造成电力系统停运或用电设备损坏。为了将电压偏差产生的影响控制在可接受的范围内，世界各国都规定了供电电压的允许电压偏差，作为供电电压质量指标之一。根据 GB/T 12325—2008《电能质量　供电电压允许偏差》的要求，我国 35kV 及以上供电电压正、负偏差的绝对值之和应不超过额定电压的 10%，20kV 及以下三相供电电压允许偏差为额定电压的 ±7%，220V 单相供电电压允许偏差为额定电压的 −10%～+7%。除我国之外，其他国家、地区和组织对电压允许偏差也做了相应的规定，如表 1-1 所示。

表 1-1　　　　　　　　部分国家、地区和组织对电压允许偏差的规定

国家/地区	电压允许偏差	国家/地区	电压允许偏差
IEC	100～1000V 交流系统±10%	UNIPEDE	230/2000V 系统±10%
美国	一般为±5%	德国	城市±3%，农村±10%
英国	240V 为±6%	意大利	一般为±10%
瑞典	一般为±5%，最大为±10%	瑞士	一般为±5%以下
芬兰	城市±5%，农村±10%	丹麦	白天±10%，夜间±5%

当电压偏差超过上述规定值时，应采用调压方法来维持电网电压的稳定。改变电源电压和改变电压损耗是较为常用的两类调压方法：改变电源电压包括发电机调压和变压器调压两种方法；改变电压损耗包括改变电网阻抗调压和调节电网无功功率调压两种方法。

（1）发电机调压。发电机端电压可调范围一般在其额定电压的 5% 以内，对于由一台发电机供电的单一电网，可调节发电机的励磁电流，控制升压变压器的端电压，使电网电压质量达到要求。采用发电机调压时，靠近该发电机所属电厂或由这些电厂直送的负载，其电压质量相对稳定，其他远区负载的电压质量则难以保证。同时，大型电力系统采用该方法时，由于须将系统内所有发电机的电压同时升高或降低，增加了工作难度，故大型电力系统不建议使用发电机调压方法。

（2）变压器调压。变压器调压主要通过改变变压器分接绕组的抽头位置，即通过改变变压器变比实现调压。这是电力系统中采用最多、最普遍的一种调压手段，可分为无励磁调压和有载调压两种。有载调压是指变压器在运行状态下调节变压器分接头位置，以实现调压目的。相比于有载调压，无励磁调压的优点在于开关结构及变压器结构相对简单，但调压范围较小，一般为 10%，且调压过程必须停电。

（3）改变电网阻抗调压。通过增大输电线路导线的截面积，虽然可以减少线路电阻的电压损耗，但投资增大，经济性降低。如果在输电线路中串接电抗器，则电抗器产生的感抗可以补偿线路之间耦合电容的容抗，减少线路电抗所引起的电压损耗，起到调压作用。

（4）调节电网无功功率调压。电网无功功率不足会导致电压降低。因此，通过在变电站或感性负荷较大的地方就地补偿无功，合理调整无功潮流方向及其数值大小，可改善电网电压水平。电力系统中无功功率可以用调相机和电力电容器来调节。调节调相机的励磁就可以改变调相机所产生或消耗的无功功率。当电网负荷处于高峰时，调相机过励磁运行时即成为无功发电机，将无功功率输入电网，起到升压作用；当电网负荷处于低谷时，调相机欠励磁运行，从电网吸收无功功率，起到降压作用。电力电容器的作用相当于过励磁运行调相机，只能用于升高电网电压。因此，可用投切电力电容器组的方法来改善电网电压。

上述四种电压调节方法各有优劣。目前，国内部分区域电力系统仍处于无功功率补偿不足、功率因数偏低和电网电压偏低的状况。若仅采用补偿无功功率，虽能改善局部电网的电压水平，但设备投资所产生的经济效益并不高，而变压器调压可以挖掘现有无功设备的出力，投资少、效益高。

1.1.2 分接开关技术发展

变压器调压主要通过改变其分接开关抽头位置实现。切换分接开关抽头必须将变压器从电网中切除，即不带电切换调压，称为无励磁调压，所采用的分接开关称为无励磁分接开关（off-circuit tap-changer，OCTC）。无励磁调压的特点：①调压范围小，一般为10％；②调压必须停电，且停电时间较长；③无励磁调压变压器一般不调换分接开关抽头位置改变其电压比，不能发挥调压作用，这也是电力系统中电压质量、有功功率与无功功率的潮流分布均不易满足运行的原因之一；④无励磁分接开关结构简单、价格相对低廉，在 10～35kV 配电变压器、三绕组有载调压变压器的中压绕组无励磁调压、发电机变压器组和冶金（电炉）工业变压器中应用范围较广。

切换分接开关抽头无须将变压器从电网中切除，即可带负载切换调压，称为有载调压，所采用的分接开关称为有载分接开关（on-load tap-changer，OLTC）。有载调压的特点：①调压范围大，一般为±10％；②调压速度较快（完成 1 级调压只须 4～5s，负载的转换只须 40～50ms），具有随时可调性；③OLTC 可手动或电动操作，也能遥控电动操作或自动调压，便于自动化管理；④OLTC 被广泛用于高、中压电力变压器及电炉、电解等工业变压器。

分接开关技术是随着变压器技术的发展而发展的，呈现如下特点：

（1）从无励磁调压逐步向有载调压过渡。在变压器发展最初阶段，主要采用无励磁调压方式。随着电力技术的发展和 OLTC 调压装置的研发，实现由无励磁调压逐步向有载调压的过渡。

（2）从电抗式 OLTC 向电阻式 OLTC 过渡。在 OLTC 发展初期，电抗式 OLTC 占主导地位。后来由于电抗式 OLTC 在功能和经济方面劣于电阻式 OLTC，逐渐被淘汰。现在仅北美地区还在继续制造这种 OLTC，并在电抗式基础上发展真空熄弧。

（3）埋入型结构的突破和专业制造厂的出现。OLTC 的发展大体上分为两个阶段：第一阶段发展的特点是变压器厂为变压器设计和制造自配的 OLTC。因此，OLTC 品种繁多，规格五花八门，技术经济指标低。第二阶段发展有两个特点：①为了减少 OLTC 所占空间和安装费用，结构往紧凑型发展，尤其是埋入型 OLTC 简化了变压器设计和装配，使变压器易于运输及检修；②在这一期间统一了有载调压变压器及 OLTC 性能指标、试验项目标准，出现了如德国 MR 莱茵豪森集团（简称德国 MR）等 OLTC 专业生产厂家。因此，OLTC 设计形式和品种规格趋于通用化和标准化，同时，某些变压器厂停止 OLTC 制造，开始选用和订购专业厂家生产的 OLTC。20 世纪 70 年代，国内组建了遵义长征电器一厂（简称贵州长征），并于 80 年代中期引进德国 MR 公司的 OLTC 制造技术，这对促进国内 OLTC 技术发展起到了积极推动的作用。随着国内改革开放的深入发展，逐步出现了专业制造 OLTC 的民营企业，如上海华明电力设备制造有限公司（简称上海华明）、山东泰开电力设备有限公司、吴江远洋电气有限责任公司（原吴江开关总厂）等。

（4）从仿制、技术引进向自主研发过渡。20 世纪 80～90 年代，国内主要生产的是仿制或技术引进 M、V 型 OLTC 和 MA7、MA9 型电动机构及部分其他型式的 OLTC（或OCTC）。21 世纪初，通过仿制或引进技术的消化吸收，逐步提高 OLTC 制造技术的水平；

同时，通过不断地进行技术创新，研发出技术性能先进、具有自主知识产权的 MD 型和 VD 型更新换代的 OLTC、电动机构及其配套附件，不仅完全替代进口产品，还出口至发达国家。

（5）真空与电力电子新技术的应用。20 世纪 80 年代末，真空技术在中压变电站和大容量电路开关领域已发展成主要的开关技术。真空技术以其优越性能在变压器 OLTC 领域的地位逐渐上升。进入 21 世纪，国内外 OLTC 制造企业都自主研发油浸式、气体式真空熄弧 OLTC。电力电子新技术也被应用在 OLTC 的智能控制上，从而实现 OLTC 无人值班的远方自动调压。

随着近年来分接开关技术的发展，OLTC 以其自身的优越性得到了国内外电力用户的认可，主要有以下用途：

（1）稳定电网电压、提高供电质量。变压器借助 OLTC 调压，可调整因负荷变化引起的电网电压波动。

（2）联络电网、调节电力系统潮流。不同电压等级的电网需要相互联络，以提高供电经济可靠性。电力系统潮流总是由输电线路高电压端流向低电压端，采用具备可逆调压功能的 OLTC 来联络电网是最合适的。改变 OLTC 的分接位置从而改变电压，按需调节电网间的有功功率和无功功率潮流，增加电网调度灵活性。

（3）挖掘电力设备的无功出力和有功出力。对于电网无功补偿的电容器组，电容器组无功出力与电压的平方成正比；对于发电机组，由于发电机的出力受输出电流值（即温升）限制，只能采用 OLTC 改变升压变压器变比，迫使发电机的输出电压维持在较高数值，从而提高发电机的有功出力。

（4）工业变压器采用 OLTC 调节电压、电流和功率，提高产品的产量和质量，节约电能。如某些对电能质量要求极高的制造企业，电压波动使产量降低，采用 OLTC 调压后，电压稳定了，产品产量和质量都有一定程度的提高，经济效益十分显著。

（5）电感线圈的调谐。采用 OLTC 来改变电感线圈（电抗器）的抽头位置，实现电抗器的电感与输电线路耦合电容的调谐。如在大型电力变压器的消弧线圈接地装置上，通过 OLTC 调节消弧线圈电感量，使其与输电线路耦合电容产生谐振，将输电线路发生短路的危害性减至最小。

近年来，我国在分接开关研制及应用领域上取得了长足的进步，产品技术性能有了较大提高，缩短了与国际同类产品的差距。通过质量与可靠性攻关，国产 OLTC 的产品质量有了显著提高。国内外分接开关产品可靠性水平对比见表 1-2。

表 1-2　　　　　　　　　OLTC 产品可靠性水平对比

产品	生产年限（年）	机械寿命（万次）	电气寿命（万次）	运行故障率	开关烧毁率
国外 OLTC	60～80	≥80	≥20	0.4%～0.6%	0.06%～0.08%
国内 OLTC	30～40	≥80	≥20	0.4%～0.7%	0.06%～0.09%

1.1.3　分接开关标准沿革

OLTC 执行 IEC 60214 和 GB/T 10230 标准。OLTC 的性能要求与其技术发展和标准发展沿革密切相关。20 世纪 60 年代，国际电工委员会电力变压器技术委员会着手 OLTC 标准的制定工作，统一了有载调压变压器、有载调压器及 OLTC 性能指标、试验项目标准，并于 1966 年首次发表 IEC 214《有载分接开关》报告。这项标准的制定，意味着 OLTC 有了统一的性能要求，在 OLTC 历史上具有划时代的意义。随着 OLTC 技术发展和变迁，对 IEC 214 标准进行了多次修订，IEC 60214、GB/T 10230 标准发展沿革见表 1-3。

表 1-3　　　　　　　　　IEC 60214、GB/T 10230 标准发展沿革

序号	标准沿革	标准主要性能要求及修改重要内容	
		性能要求	结构要求
1	IEC 214—1966	机械寿命 20 万次、电气寿命 2 万次	—
2	IEC 214—1976	机械寿命 20 万次、电气寿命 2 万次	增加结构要求
	IEC 542—1976	增加 OLTC 的选用和使用的推荐性要求	
3	IEC 214—1987	机械寿命 50 万次、电气寿命 5 万次	完善结构要求
	GB 10230—1988	等效采用 IEC 214—1987 关于 OLTC 标准修改稿的内容	
	IEC 542—1987	基本维持 IEC 542—1976 的选用和使用的推荐性要求	
	GB/T 10584—1989	等效采用 IEC 542—1987 关于 OLTC 应用导则标准修改稿内容	
4	IEC 60214—1—2003	增加 OCTC 及电动机构性能要求，增加电抗式 OLTC 术语、技术规范及附录 B 的性能要求，修改绝缘试验和密封试验等性能要求及测试方法等	
	GB/T 10230.1—2007	等效采用 IEC 60214—1—2003 标准稿的内容，增加电子控制器（显示器）和滤油器性能的附录要求	
	IEC 60214—2—2004	分接开关应用导则标准进行重大修改，增加安装、选用、运行与监控的主要技术要求	
	GB/T 10230.2—2007	等效采用 IEC 60214—2—2004 分接开关应用导则标准稿的内容	
5	IEC 60214—1—2014	增加对真空型 OLTC 的要求及气体绝缘分接开关的要求，改变型式试验以适应使用条件	
	GB/T 10230.1—2019	等效采用 IEC 60214—1—2004 标准稿的内容	
	IEC 60214—2—2019	增加充气变压器的分接开关，完善带 OLTC 和 OCTC 的分接绕组基本布置的说明及选用要求	

为了进一步贯彻执行 GB/T 10230 的相关要求，不同行业也相应制定下述标准：机械行业制定 JB/T 8314—2008《分接开关试验导则》，电力行业制定 DL/T 574—2021《变压器分接开关运行维修导则》等。电力行业相关标准发展沿革情况如表 1-4 所示。

表 1-4　　　　　　　　　电力行业分接开关标准发展沿革

序号	标准沿革	标准主要性能要求及修改重要内容
1	DL/T 574—1995	规定了变压器有载分接开关安装投运及运行维修标准，适用于额定电压为 35kV～220kV 电压等级的电力变压器用国产电阻式油浸式分接开关

序号	标准沿革	标准主要性能要求及修改重要内容
1	DL/T 574—2010	增加了无励磁分接开关相关内容，增加了干式和真空灭弧式有载分接开关的内容，将常用分接开关检修工艺列为参考性资料
	DL/T 574—2021	增加了SF₆真空有载分接开关相关内容，增加了分接开关非电量保护配置及运行要求，补充常规分接开关常见故障及其排除方法
2	DL/T 265—2012	规定了变压器有载分接开关现场高压试验的项目、周期、方法及要求，给出了缺陷判断范例，适用于10～500kV变压器用有载分接开关交接及检修试验
3	DL/T 1538—2016	规定了电阻式真空有载分接开关的性能、保护配置、试验项目、试验方法及适用范围、运行维护要求，适用于220及以下电力变压器用电阻式有载分接开关
4	DL/T 2003—2019	规定了换流变压器用有载分接开关结构形式及分类、选用原则、技术要求、试验、安装、运行和维护、包装、运输和贮存要求，适用于换流变压器用电阻式有载分接开关

1.2　分接开关基本原理

1.2.1　分接开关专业术语

为了规范OLTC和OCTC的结构原理、性能参数和试验方法，GB/T 10230.1—2019《分接开关　第1部分：性能要求和试验方法》统一定义了相关专业术语。

（1）有载分接开关（OLTC，有时也称作LTC）。是一种适合在变压器励磁或负载条件下，用来改变绕组分接位置的装置。

（2）非真空型有载分接开关。是触头通断负载与环流的电弧发生在液体或气体中的有载分接开关，且自身放置在液体或气体介质中。

（3）真空型有载分接开关。是触头通断负载与环流的电弧发生在真空断流器（真空管）中的有载分接开关，且自身放置在液体或气体介质中。

OLTC由带过渡阻抗的切换开关和分接选择器组成（组合式OLTC）。它由安装在变压器箱壁的电动机构经传动轴与伞形齿轮箱传动进行操作。在有些OLTC中，把切换开关和分接选择器结合在一起形成选择开关。

（4）分接选择器。是一种能承载电流但不能接通或开断电流的装置，它与切换开关配合使用，以选择分接连接位置。

（5）切换开关。与分接选择器配合使用，能够承载和切换已选电路中的电流。

（6）选择开关。把分接选择器和切换开关的功能结合在一起，能承载、接通和开断电流的开关装置（即复合式分接开关）。

（7）无励磁分接开关（OCTC，有时也称DETC、DTC）。是一种只能在变压器无励磁情况下改变绕组分接位置的装置。

（8）转换选择器。与分接选择器或选择开关配合使用，这种装置能载流，但不能接通和开断电流。当从一个终端位置移到另一个终端位置时，转换选择器使分接选择器或选择开关的触头和连接到触头上的分接头能多次使用。转换选择器可按粗调选择器或极性选择器设计。

（9）极性选择器。把分接绕组的一端或另一端接到主绕组上的一种转换选择器。

（10）过渡阻抗。由一个或几个元件组成的电阻器或电抗器，用以把使用中的分接头和与其相邻的将要使用的分接头桥接起来，使负载从一个分接转移到另一个分接而不切断负载电流或不使负载电流有明显的变化。同时，也在两个分接头均被使用的期间内限制其上的循环电流。

（11）触头组。由单个定触头和动触头组成的触头对或几对实际上是同时动作的触头对的组合体，包括切换开关和选择开关主触头、主通断触头、过渡触头（电阻式分接开关）和转换触头、旁路触头（电抗式分接开关）。

（12）驱动机构。用于驱动 OLTC 和 OCTC，包括一个独立的能控制操作的储能机构。

（13）电动机构。电动机构将驱动机构与电动操作控制线路连接在一起，是 OLTC 或 OCTC 控制变换操作位置和电气转动的装置，既可以独立工作，也可以与 OLTC 或 OCTC 结合一体组成简易复合式 OLTC 或 OCTC，以省去安装调试。

1.2.2　分接开关工作原理

变压器分接开关调压的工作原理是在变压器绕组中引出若干分接头，在停电或不停电状态下通过改变变压器分接头以改变绕组有效匝数，即改变变压器的电压比，从而实现调压的目的。

1. OCTC 调压电路

OCTC 在变压器无励磁情况下，通过手动和电动操作，由一个分接开关转换到相邻分接开关，其调压方式主要分为 6 种，调压电路如图 1-1 所示。

（1）线性调。基本绕组加上线性调压绕组，调压范围一般为 10%，适用于电压为 35kV 及以下电力变压器无励磁调压。

（2）正反调。基本绕组可正接或反接调压绕组。在调压绕组分接抽头数目相同的情况下，调压范围增加了 1 倍；在相同调压范围下，可减少调压绕组分接抽头数目。一般适用于电力变压器无励磁调压。

（3）单桥跨接。它实质上就是中部调压电路，也是无励磁调压常用的调压方式，主要适用于电力变压器或工业变压器的无励磁调压。

（4）双桥跨接。它实质上是中部并联的调压方式，适用于容量较大的变压器的无励磁调压。

（5）Y-D 接转换。主要用于调节变压器的容量，适用于工业变压器或需要调节容量的电力变压器的无励磁调压。

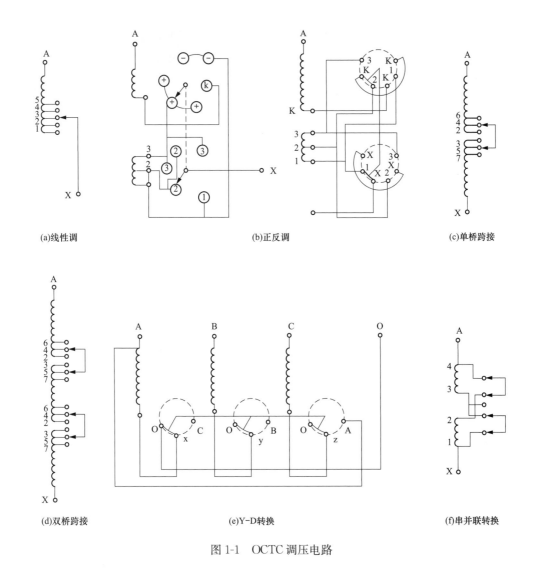

(a)线性调   (b)正反调   (c)单桥跨接

(d)双桥跨接   (e)Y-D转换   (f)串并联转换

图 1-1　OCTC 调压电路

（6）串并联转换。这种调压方式主要适用于调节变压器的容量。因此，它同 Y-D 接转换的调压方式一样，也适用于工业变压器或需要调节容量的电力变压器的无励磁调压。

2. OLTC 调压电路

OLTC 是在带负载时（变压器励磁状态下）变换分接位置，所以它必须满足两个基本条件：①在变换分接过程中，保证电流的连续，也就是不能开路；②在变换分接过程中，保证分接间不能短路。因此，在切换分接的过程中必然要在某一瞬间同时连接（桥接）两个分接以保证负载电流的连续性。而在桥接的两个分接间，必须串入阻抗以限制循环电流，保证不发生分接间短路，开关就可由一个分接过渡到下一个分接。该电路称为过渡电路，该阻抗称为过渡阻抗。过渡电路的原理就是有载分接开关的原理。若其阻抗是电抗的，称为电抗式有载分接开关；若是电阻的，则称为电阻式有载分接开关。另外，调压变压器绕组有多个分接头，就需要有一套电路来选择这些分接头，该电路称为选择电路。而不同的调压方式要求有不同的调压电路。因此，有载分接开关的电路由过渡电路、选择电路、调压电路三部分组成。组合式和复合式 OLTC 调压电路如图 1-2 所示。

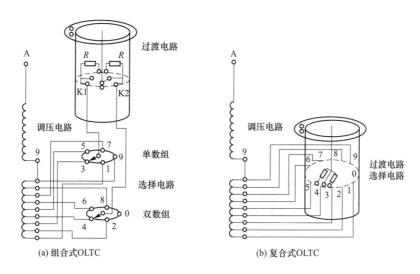

图 1-2　组合式和复合式 OLTC 调压电路

（1）过渡电路。

过渡电路是跨接于分接间串接电阻的电路，与其对应的机构为切换开关或选择开关。过渡电路在带电状态变换变压器绕组的分接头，如假定变压器每相绕组上有一分接绕组，负载电流 I 由分接头 4 输出，如图 1-3（a）所示，现需要调压，负载电流转换至分接头 5 输出。如果是无励磁调压，则可在停电以后由分接头 4 改接至分接头 5。但是有载调压不能停电，则在分接头 4 与分接头 5 之间接入一过渡电路，如图 1-3（b）所示。过渡电阻的接入好比在分接头 4 与 5 之间搭了一座临时"电阻桥"，这时动触头 K 在桥上滑过，如图 1-3（c）所示，此时负载电流通过"电阻桥"输出，直至动触头 K 到达分接头 5 为止，如图 1-3（d）所示。动触头到达分接头 5 后，为节约环流 I_C 所产生损耗，需要拆掉电阻桥，如图 1-3（e）所示。至此，整个分接变换的过渡过程完成。

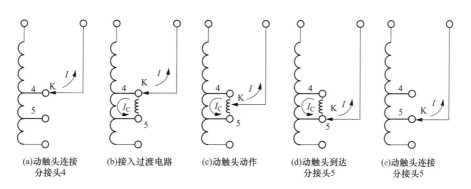

图 1-3　过渡电路的工作原理图

为了实现上述切换过程，在结构上要有一个滑动接触的触头机构，这是很复杂的。但由于分接变换的时间很短，通常只有 40～50ms，且每级调压的电压波动均在电网电压质量规定幅度范围之内。因此，可允许触头用跳跃过渡方式替代圆滑过渡方式，使 OLTC 结构大为简化。

（2）选择电路。

选择电路是为选择变压器绕组分接头所设计的电路，其对应机构为分接选择器或选择开关。复合式 OLTC 动触头直接在各个分接头上依次选择与切换，如图 1-4（a）所示。组合式 OLTC 选择器设置单、双数动触头，接通分接绕组相邻的两个分接头，如图 1-4（b）所示，此时分接头 3 在工作。当 OLTC 朝 1→N 方向调压时，选择器双数动触头在无负载下从分接 2 预选到分接 4 上，随后切换开关动触头从单数侧转向双数侧，完成一级的分接变换操作。因此，OLTC 的变换操作在于选择器与切换开关的两个转换应按顺序要求交替动作。

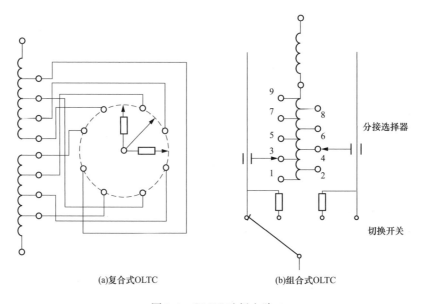

(a)复合式OLTC   (b)组合式OLTC

图 1-4　OLTC 选择电路

选择器动触头的运动严格遵循逐级控制的原理。选择器动触头的运动方式分为直线滑动和笼式圆周旋转两种，如图 1-4（b）和图 1-5 所示。动触头的直线滑动方式结构复杂，只能用于线性调压；笼式圆周旋转方式结构简便、易实现，分接头按单、双数设置两层，动触头与中心环相连，逐级转动，依次选择相邻分接头。这种结构布置适用于线性调、正反调和粗细调的调压方式。

（3）调压电路。

调压电路是变压器绕组调压时所形成的电路。调压电路分为基本调压电路、三相调压电路、自耦调压电路和工业变压器调压电路等。基本调压电路分为线性调、正反调和粗细调三种，如图 1-6 所示。

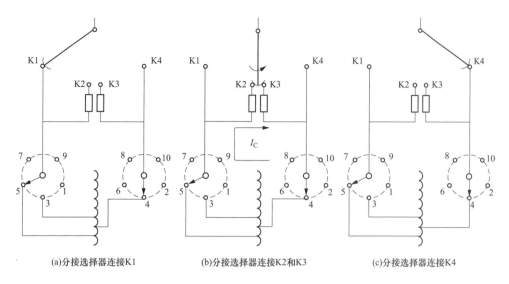

(a)分接选择器连接K1　　　(b)分接选择器连接K2和K3　　　(c)分接选择器连接K4

图 1-5　分接选择器的动作顺序图（分接 5→4）

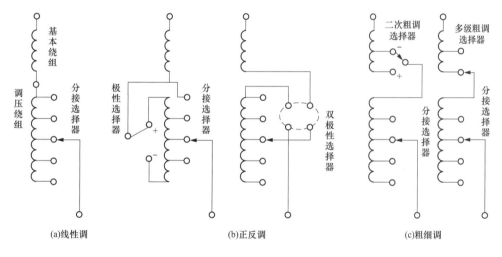

(a)线性调　　　　　　　(b)正反调　　　　　　　(c)粗细调

图 1-6　三种基本调压电路

1）线性调。主绕组连接分绕组，调压范围约为 15%，如图 1-6(a) 所示。

2）正反调。主绕组可正接或反接分接绕组，调压范围增大 1 倍，如图 1-6(b) 所示。

3）粗细调。主绕组上有一粗调段，用于正接或反接分接绕组，调压范围增大 1 倍，但绕组布置复杂，绝缘强度要求较高。粗细调以节能、安匝易平衡和抗短路能力强等优点在变压器上获得广泛应用，如图 1-6(c) 所示。

1.2.3　分接开关接线图

OLTC 接线图指 OLTC 与变压器分接绕组的接线工作图。基本接线图标识采用固有分接位置数、最大工作位置数、中间位置数及带或不带转换选择器的符号表示，标识如

图1-7所示。在 OLTC 基本接线图标识中，有时采用 OLTC 的调压级数来替代。实际上 OLTC 调压级数与基本接线图是相互对应的。

图 1-7　OLTC 基本接线图标识

OLTC 主要按照系列结构进行生产。选取适用的标准结构 OLTC，然后设计与之相应的调压电路及 OLTC 接线图。因此，了解 OLTC 的基本接线图，对于正确选取 OLTC 是很重要的。OLTC 的接线图与调压电路有关，但主要取决于换接变化的方式。由此，可以得到如图 1-8 所示的线性调、正反调和粗细调三种基本接线图。

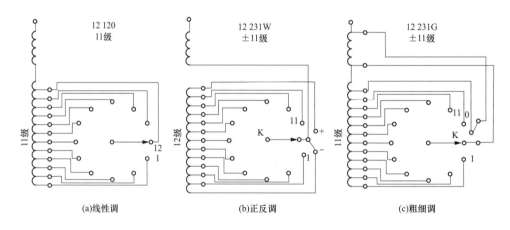

图 1-8　OLTC 基本接线图

1.3　分接开关结构性能

1.3.1　分接开关分类方式

根据切换过程是否需要停电，可将分接开关分为 OLTC 和 OCTC 两种。根据结构方式、绝缘介质、连接方式等特性不同，OLTC 和 OCTC 可细分为更多不同类型，两种分接开关的主要分类方式如表 1-5 和表 1-6 所示。

表 1-5　　　　　　　　　　　　　　　OCTC 分类方式

序号	分类方式	分类说明
1	结构形式	分为盘形、条形、鼓形和笼形 4 类，筒形（或管形）可视为鼓形与笼形 OCTC 的组合延伸

序号	分类方式	分类说明
2	相数	分为三相、单相及1+2相3种
3	绝缘介质	分为油（液）浸式、气体式（包括干式和SF$_6$）2类
4	调压部位	分为线端、中部和中性点3个调压部位
5	连接方式	分为Y、D接及Y-D转换3种
6	调压电路	分为线性调、正反调、单桥跨接、双桥跨接、Y-D转换和串—并联转换6种基本调压电路
7	安装方式	分为埋入型（包括箱顶式和钟罩式）与外置型2种
8	操作方式	按操作力源分为手动操作和电动操作2种；按操动机构的结构布置分为头部操作和落地式操作2种

表 1-6　　　　　　　　　　**OLTC 分类方式**

序号	分类方式	分类说明
1	结构方式	分为组合式和复合式2类。组合式由切换开关与分接选择器组成，如M型OLTC；复合式是把切换开关与分接选择器合二为一组成为选择开关，如V型OLTC
2	过渡阻抗	分为电阻式和电抗式2类，电抗式逐步被电阻式所替代
3	快速机构	分为过死点机构和枪机机构2类
4	绝缘介质	分为油（液）浸式、气体式（包括干式和SF$_6$）2类
5	相数	分为Ⅲ相、Ⅰ相及特殊设计Ⅱ相3种相数
6	连接方式	分为Y和D接2种
7	调压部位	分为线端、中部和中性点3个调压部位
8	调压电路	分为线性调、正反调或粗细调3种基本调压电路
9	调压方式	分为1类和2类分接开关：1类为中性点调压的OLTC，2类为除中性点调压外的OLTC
10	安装方式	分为埋入型（包括箱顶式和钟罩式）与外置型2种
11	灭弧方式	分为油中自由开断熄弧、空气中（强制）熄弧、真空熄弧、晶闸管灭弧、六氟化硫灭弧等几种灭弧方式
12	触点方式	分为有触点与无触点2种方式

1.3.2　分接开关结构形式

分接开关主要由切换开关、分接选择器、电动机构等部件组成，OCTC与OLTC结构略有差异。

1. OCTC 结构形式

根据结构形式不同，可将OCTC划分为盘形、条形、鼓形、笼形和筒形五类，如图1-9所示。五类OCTC的结构、组件、性能特点与适用场景如表1-7所示。

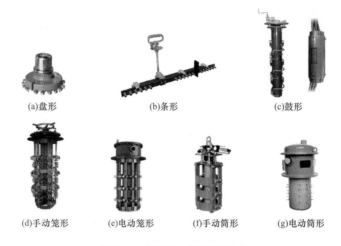

(a)盘形　　　　　　　(b)条形　　　　　　　(c)鼓形

(d)手动笼形　　　(e)电动笼形　　　(f)手动筒形　　　(g)电动筒形

图 1-9　OCTC 主要结构形式

表 1-7　　　　　　　　　五类 OCTC 结构、组件性能特点与适用场景

序号	项目	盘形 OCTC	条形 OCTC	鼓形 OCTC	笼形 OCTC	筒形 OCTC
1	结构特点	结构合理、手感强、转动灵活、到位准确、密封性能好、接触电阻小	有卧式和立式两种结构。立式单相、"1＋2"相,一般安装于变压器线圈的缝隙中,占位小	采用绝缘筒隔离,体积小,电场分布均匀。单相、"1＋2"相,一般安装于变压器线圈的缝隙中,占位小	可实现各种接线方式。OCTC 设位置指示。手轮式设有定位装置,便于动定触头准确定位	筒形是笼形与鼓形的技术组合。外观简洁,转动力矩小,到位手感清晰,局部放电低
2	触头系统	全浮自支持夹片式点接触或滚动式接触结构,接触良好、温升低	采用夹片式点接触结构,接触良好,小容量触头为齿轮齿条传动,大容量触头为螺杆传动	定触头为多柱触头式,动触头嵌入两相邻定触头之间,跨接两分接头,多用于中部跨接调压	采用夹片式点接触方式,大容量为多点并联接触结构,温升低,抗短路能力强	在笼形基础上引进纯滚动动触头,使笼形具有鼓形触头的特点
3	绝缘系统	由 DMC 压制成型的绝缘支座和绝缘轴组成	由环氧玻璃布板(棒)加工成形或玻璃纤维模压成型件组成	主绝缘结构件由绝缘筒和绝缘传动轴组成	主绝缘结构件为环氧玻璃丝挤拉杆和缠绕管	主绝缘结构件为环氧玻璃丝挤拉杆和缠绕管
4	操动机构	由转轴、定位件、手柄和密封件等组成,具有操作定位和自锁提示功能	卧式为整体式结构,立式开关本体与操动机构分开,安装时用可卸开绝缘轴把两者连接一体	设有工作指示和定位锁紧装置,通过压块固定在变压器箱体上,以绝缘操作杆与开关本体连接	分手动操作和电动操作两种方式。落地式电动机构可借用 OLTC 的电动机构	分手动操作和电动操作两种方式。落地式电动机构可借用 OLTC 的电动机构
5	安装结构	借助头部法兰与圆螺母固定在变压器箱盖孔上,并设置上下密封方式	卧式三相安装在变压器箱盖上,立式单相结构或"1＋2"相的结构安装在变压器箱体上	用四个绝缘螺栓将内外绝缘筒一起固定在变压器的支撑构件上,即夹件式安装方式	借用 OCTC 头部法兰固定在变压器箱盖上,有箱顶式和钟罩式两种安装方式	借用 OCTC 头部法兰固定在变压器箱盖上,有箱顶式和钟罩式两种安装方式

序号	项目	盘形 OCTC	条形 OCTC	鼓形 OCTC	笼形 OCTC	筒形 OCTC
6	调压方式	中性点调压、中部调压、线端调压三种	多数为单桥跨接调压电路，构成中部调压方式	线性调、单桥跨接、双桥跨接、Y-D 转换及正反调	线性调、单桥跨接、双桥跨接、串并联、Y-D 转换及正反调	线性调、单桥跨接、双桥跨接、串并联、Y-D 转换及正反调
7	适用场景	10～35kV 无励磁电力变压器	10～35kV 无励磁电力变压器	110kV 及以上电力变压器	35kV 及以上电力或工业变压器	大型电力或工业变压器

2. OLTC 结构形式

根据结构形式不同，可将 OLTC 划分为组合式和复合式两类。组合式 OLTC 主要由切换开关、分接选择器和电动机构三部分组成，如图 1-10 所示。复合式 OLTC 主要由选择开关和电动机构组成，如图 1-11 所示。

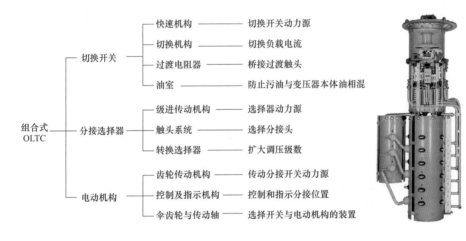

图 1-10 组合式 OLTC 主要结构

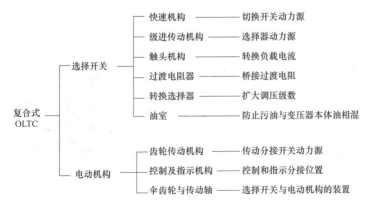

图 1-11 复合式 OLTC 主要结构

比较组合式与复合式结构可以发现，复合式 OLTC 触头机构既为选择分接头，同时又转换负载电流，把切换与选择功能合二为一，两者其他结构相同。组合式 RM 型 OLTC 和复合式 V 型 OLTC 的组部件如图 1-12 和图 1-13 所示。

(a) RM型OLTC　　(b)RM型切换开关　　(c)RM型分接选择器　　(d)电动机构

图 1-12　组合式 RM 型 OLTC 主要部件

1.3.3　分接开关组件结构

下面分别介绍切换开关、分接选择器及选择开关等组部件的主要结构及相应特性。

1. 切换开关

切换开关包括快速机构、切换机构、过渡电阻器、油室、齿轮装置及绝缘传动轴。快速机构直接放在切换机构上面，通过绝缘传动轴来传动，绝缘传动轴上方有一个齿轮装置。切换机构的下面装有过渡电阻器。切换开关本体为插入式装置，如图 1-12（b）所示。

（1）快速机构。

快速机构是切换开关或选择开关快速切换的执行机构。它在结构上可分为枪机释放机构和过死点释放机构（包括摆杆式和拐臂式）两种，如图 1-14 所示。

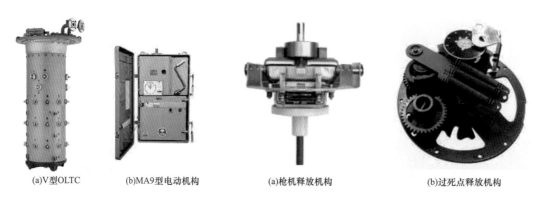

(a)V型OLTC　　(b)MA9型电动机构　　　　(a)枪机释放机构　　　　(b)过死点释放机构

图 1-13　复合式 V 型 OLTC 主要部件　　　　图 1-14　OLTC 快速机构

以 M 型 OLTC 枪机释放机构为例，枪机释放机构由圆偏心轮、上滑盒、下滑盒、凸轮盘、爪卡以及储能弹簧等零件组成。储能弹簧装在上、下滑盒之间的导轨上。爪卡锁定凸轮盘，并由上滑盒的侧臂控制。枪机释放机构的工作原理如图 1-15 所示。

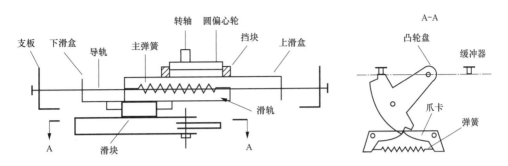

图 1-15　枪机释放机构原理图

当圆偏心轮顺时针转动时，带动上滑盒沿着导轨移动，由于爪卡锁定凸轮盘，使下滑盒只能保持在原来的位置上，这样就压缩上、下滑盒间的储能弹簧，使储能弹簧开始储能，爪卡锁定位置。当达到释放位置时，上滑盒侧臂将相应爪卡从锁定凸轮盘位置移开，爪卡释放位置。于是下滑盒释放了储能弹簧能量，通过下滑盒的滑块将传动力传至凸轮盘的套轴上，使切换机构动作，完成从单（双）数侧向双（单）数侧的切换，剩余能量由缓冲器吸收。在动作完成之后，下滑盒移到新的锁定位置爪卡在复位弹簧作用下又重新啮合凸轮盘的槽口上，机构又被重新锁住，为第二次动作做好准备。枪机释放机构的最大优点是初始力矩大，定位好；机构的储能弹簧采用并列压簧，可靠性比拉簧高；机构采用立体布置，占用空间少；快速机构直接置于切换机构之上，结构紧凑，且动作准确地传给切换机构；快速机构在输出方面配有惯性转盘，协助触头机构顺利地进行开闭动作。

（2）切换机构（触头系统）。

M 型系列有载分接开关的切换机构采用滚转式切换机构。滚转式切换机构的定触头固定在绝缘筒上，K2、K3 分别与两个过渡电阻相连，为过渡触头；K1、K4 为主通断触头。动触头装在扇形件的触头座内。通过扇形件的滚动完成切换机构的切换。开始时，扇形件停在位置 I 上，如图 1-16（a）所示；中间星形回转件在快速机构的作用下回转后，扇形件向同一方向滚动，动触头于是按顺序接触和离开与之对应的触头；直到切换完毕，扇形件停在位置 II 上，如图 1-16（c）所示。

切换开关触头系统采用双电阻过渡，并联双断口"尾推补偿"对开式接触，它包括定触头系统和动触头系统。并联双断口能增大开断电流，提高触头寿命，尤其是在把过渡电阻作为过渡触头的平衡电阻的情况下。触头系统分为主通断触头、过渡触头和主触头三部分，其中主通断触头和过渡触头称为电弧触头。三相分接开关三部分动触头内部为星形连接，单相分接开关其三部分触头连成并联。每一部分有两对主通断触头和两对过渡触头，过渡触头与过渡电阻器相连。主通断触头和过渡触头由铜钨合金制成，以提高触头寿命。

动触头安装在绝缘性能良好的上下导板的导槽内，并与转换扇形的曲槽滚销相连。在弧形板的两侧还安装有一羊角形并联主触头，保证开关长期接通工作电流运行并接触良好。定触头由灭弧片相互隔开，并置于绝缘弧形板上。当切换机构动作时，动触头由转换扇形件控制沿导板的导槽做直线运动，与布置在弧形板内壁的定触头按规定程序进行切换。

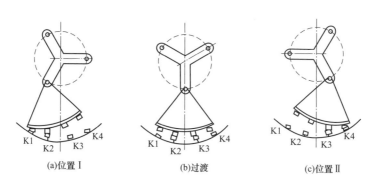

(a)位置 I   (b)过渡   (c)位置 II

图 1-16　滚转式触头切换机构

（3）过渡电阻器。

M 型 OLTC 采用带状的镍铬合金绕成回旋形，竖立放置在绝缘框架内，用陶瓷夹片夹固，使回旋带状间保持一定间隙，最后用弹簧夹片固定在框架内，从而组成框架式结构，这种结构便于组合使用。镍铬合金具有高的电阻率和高的工作温度。这类合金含铬量越高，此特性越显著。但若含铬量过大，材料硬度高但易发生脆性断裂，不易加工。镍铬合金价格昂贵，但易机械加工成形。过渡电阻器的布置方式与三相电弧触头相适应，呈平面布置方式；单双数电阻元件径向辐射均匀布置，结构紧凑，占位小；过渡电阻器与切换开关电弧定触头相连；过渡电阻器是固定不动的，其采用 Y 接方式与三相电弧触头连接。

顶盖

头部法兰

绝缘筒

筒底

图 1-17　切换开关油室

V 型 OLTC 过渡电阻器采用铁铬铝合金圆丝以螺旋形状直接绕在绝缘圆筒支架上，层间电阻丝元件用绝缘隔板隔开一定间隙，构成网状结构。这种结构散热性能较好，固定牢固，结构较为简单。铁铬铝合金具有高的电阻率及工作温度，具有防氧化性能、价格低廉的优点，可作为经济型 OLTC 过渡电阻的材料。过渡电阻器的特点是：①与三相电弧触头相适应，呈立体布置方式；②与选择开关电弧动触头相连；③固定在中心绝缘轴上，随中心轴旋转，散热好；④与三相电弧触头为 D 接方式。

（4）切换开关油室。

切换开关油室使开关内被电弧碳化的油与变压器油箱内的油相隔离，以保持变压器油的清洁，它包括头部法兰、顶盖、绝缘筒、筒底四部分，如图 1-17 所示。

1）头部法兰。头部法兰用铝合金精铸而成，它用铆钉与绝缘筒连接，分箱顶式法兰与钟罩式法兰。分接开关头部法兰上有三个弯管及通管。继电器经弯管通过分接开关与储油柜相连。抽油弯管（带有溢油排气孔）用于切换机构检修或换油时的抽油，它穿过分接开关头部法兰与一绝缘管连接，一直伸至油室的底部。因此，在变压器油箱外必须有一根比油室底部水平面略低的带阀门的管子，此抽油管也可以用作滤油器的给油管。注油弯管是油室的回油管，供滤油器给油室回油之用。另有通管是变压器溢油排气孔，借助一旁通管将变压器油箱的溢油孔与注油法兰连接，可使油室与变压器油箱同时抽真空、干燥、注油。在变压器运输或存贮中保持上述两者之间压力平衡，消除由于压力差造成油室的渗漏。所有连接管可根据安装需要旋转角度，最后用套圈固定。

2）顶盖。分接开关顶盖装有爆破盖，以防油室因超压而损坏。头盖上还有连接水平传动轴的蜗轮蜗杆减速箱、分接位置观察窗以及溢油排气螺钉。顶盖采用O形密封圈密封，以防止渗漏。另外，现在分接开关的所有密封材料是氟橡胶，它具有耐高温、密封性能好等优点。

3）绝缘筒。绝缘筒由环氧玻璃丝绕制而成，具有良好的绝缘性能与机械性能。它的上端用铆钉与头部法兰连接，下端用铆钉与筒底连接，连接处均用O形密封圈密封。绝缘筒的侧壁上有一个中性点引出触头和6个连接分接选择器的触头。由于切换开关本体采用抽出式结构，为了便于吊芯检查和检修，切换开关本体的触头与绝缘筒侧壁上的连接触头采用抽出式接触结构。绝缘筒通过筒底与分接选择器连接。

4）筒底。筒底由铝合金精铸而成，上面有穿过筒底的传动轴。轴的上端连接器与切换开关本体相连，轴下端通过筒底齿轮装置带动分接选择器。筒底上有一分接位置指示自锁机构，当切换开关本体吊芯时，位置指示传动机构自锁，以防位置错乱。筒底上的排油螺钉，当油室气相干燥时，筒底排油螺钉必须打开，气相干燥处理后，应将排油螺钉重新拧紧。

2．分接选择器

分接选择器是能承载电流，但不接通和开断电流的装置。因此，它实质上是个无励磁分接开关，仅与切换开关配套使用后形成有载调压。为了增大分接选择器分接范围，可带转换选择器。分接选择器要求触头动作顺序准确、动作灵活、转矩小、动热稳定性高、触头温升低、绝缘性能好、磨屑少和结构简单。

分接选择器由级进机构（槽轮机构）和触头系统组成，分接选择器可带或不带转换选择器。

（1）级进机构。

级进机构是一个由两个槽轮和一个拨槽件构成的级进传动装置，如图1-18所示。每一次分接变换操作时，拨槽件转180°使其转

图1-18　级进机构（槽轮机构）

换成一个不规则的72°或少于72°的级进运动，而把分接选择器的桥式触头从一个接线端子转移到另一个接线端子上。两个槽轮是交替间歇工作的，其间，当拨槽件上的滚柱未入槽前，槽轮上凹面被拨槽件的凸面的"锁圆"所锁定，故使槽轮静止不动。在拨槽件上的滚柱入槽内的同时，"锁圆"转到单方面开放位置。于是槽轮被推转动。当滚柱滚出槽外时，拨槽件的"锁圆"再次锁定槽轮。在分接开关的实际结构中，根据分接选择器触头驱动转矩的变化，拨槽件采用双滚柱的结构，分接选择器动触头离开定触头或进入相邻定触头时，所需转矩较大，而分接选择器动触头在相邻两定触头间运动时所需力矩较小。为此，级进槽轮机构转动初始和末尾，装在拨槽件上杠杆臂较小的滚柱与槽轮啮合，能够得到一个较大的转矩。

级进机构拨槽件传动轴上的连接器与筒底齿轮的连接器为滑动式连接。当分接开关朝同一方向变换操作后反方向变换一次时，传动轴只使切换开关变换动作，而分接选择器不动作。分接选择器在转换过程中不得超越两终端位置，否则容易发生重大事故，因此必须在两终端位置上设置机械限位。该机械限位在双数组槽轮上设置一限位的滚柱，在拨槽件转轴上设置一定位件。当定位件两端侧中有一端侧与限位滚柱相触时，就可限制滚柱继续向这个方向行进，也就限制双数组槽轮的继续转动。对于线性调，双数组槽轮转动不到一周，因此定位件是一简单的构件。但是在正反调整和粗细调整（仅两位换接）中，槽轮必须转动两周。因此，定位件带有一个槽，限位滚柱转过中间位置时，定位件改换限位端侧，使限位滚柱转过一周后可继续转往终端位置时，与定位件改换的端侧相触限位。

转换选择器是不增加变压器调压绕组抽头的情况下，用于扩大分接范围的装置。通常设置在分接选择器近旁，它必须与分接选择器协同动作。当分接选择器超过整定工作位置继续操作时，转换选择器动作，并在分接选择器动触头转到另一分接位置的同时换接完毕。转换选择器的中间触头也正是分接选择器的K触头，其他两个是正、负触头。正、负触头的绝缘板条连接在分接选择器笼式圆周的上、下法兰上，转换选择器的接触系统要用夹片较宽的动触头将定触头K与相应的正、负定触头中的一个桥接，转换选择器动作一般都利用分接选择器的单数槽轮上的滚柱带动转换选择器的槽轮转动。此时，级进传动机构中单数槽轮上滚柱入转换选择器转动槽轮的槽内，由此带动该槽轮（扇形件）逆时针转动，在扇形件上滚柱又带动转换选择器传动摇臂绕着导板的圆弧顺时针转动，从而改变其变压器调压绕组的极性。

（2）触头系统。

分接选择器触头系统采用笼式"外套内引"套轴结构，包括装有接触环的中心绝缘筒，带有定触头的绝缘板条，传动管、桥式触头及上下法兰。

绝缘板条排列在上下法兰圆周上，板条上装有单双数定触头，还装设桔形屏蔽罩，使表面电场均匀，定触头通过桥式触头与中心绝缘筒上的接触环相连，接触环的连线（共6根）从中心绝缘筒内部引出与切换开关相连。

分接选择器桥式触头采用山字形的上下夹片式结构，经传动管由槽轮机构带动，沿中心绝缘筒上的接触环旋转，依次与选择器绝缘板条上的分接头接触。由于桥式触头的两只主弹簧紧扣在动触头上，动触头桥采取浮动结构。因此始终保持四点接触，可以达到自动调节和有效冷却的效果，并且接触可靠、温升低、抗短路能力强。

1.4 分接开关选型及常用产品

1.4.1 分接开关选型原则

为了指导分接开关选型，IEC 60214—2—2019 和 GB/T 10230.2—2007《分接开关 第 2 部分：应用导则》第 6.2 节对分接开关的选择提出了指导纲要，并指出了在确定分接开关规范时要考虑的大部分特性。以 OLTC 为例，其选型应满足如下要求。

1. 绝缘水平（IEC 60214—2—2019 第 6.2.1 条）

在变压器所有分接位置上出现的电压量，要与分接开关制造厂保证的允许电压负荷进行核对。按照 IEC 60214—1—2014、GB/T 10230.1—2019 的第 5.2.6.4 条的规定，这些电压是：①运行时出现在分接开关上的正常工频工作电压；②变压器试验时在分接开关上出现的独立电源的工频电压；③变压器试验时或运行中出现在分接开关上的冲击电压。

2. 电流和级电压（IEC 60214—2—2019 第 6.2.2 条）

分接开关应满足下列（1）~（3）所述的条件。

（1）额定通过电流（IEC 60214—2—2019 第 6.2.2.2 条）。分接开关额定通过电流应不小于 IEC 60076—1—2011、GB 1094.1—2013 第 4.1 节规定的变压器额定容量下分接绕组的分接电流最大值。额定通过电流与连续负载相关。若认定变压器在不同环境下，例如不同的冷却方式下有不同的视在容量，那么这些视在容量中的最大值就是额定容量，也是分接开关额定通过电流的基准值。

（2）过载电流（IEC 60214—2—2019 第 6.2.2.3 条）。符合 IEC 60214—1—2014、GB/T 10230.1—2019 第 5.2.1 条的分接开关应满足 IEC 60354—1991 的过载要求。对于每次偶发性过载期间的分接变换次数应限制在从分接范围的一个终端移到另一个终端需要的操作次数。这条要求和 IEC 60214—1—2014、GB/T 10230.1—2019 对过渡电阻器规定的试验条件相同。

（3）额定级电压（IEC 60214—2—2019 第 6.2.2.4 条）。分接开关的额定级电压至少要等于分接绕组的最高级电压。只要施加在变压器上的电压不超过 IEC 60076—1—2011、GB 1094.1—2013 第 4.4 节规定的限值，分接开关就应能进行变换操作。如果在变压器施加更高电压下需要频繁地操作分接开关，则应相应地提高其额定级电压。

3. 开断容量（IEC 60214—2—2019 第 6.2.3 条）

如果变压器的最高分接电流和每级的电压在分接开关制造厂对这台分接开关说明的额

定通过电流和相应额定级电压数值之内，即满足了开断容量的要求。用于有几种不同的电流和级电压的变压器时，过渡阻抗的设计应使分接开关的切换电流和恢复电压不超过型式试验中的那些数值。在电流和电压畸变的情况下，如果用户要求，制造厂应说明它们对开断容量的影响。

4. 短路电流（IEC 60214—2—2019 第 6.2.4 条）

按照 IEC 60214—1—2014、GB/T 10230.1—2019 第 5.2.3 条的规定，分接开关的短路电流应不小于安装该分接开关的变压器的过电流，该过电流是按 IEC 60076—5—2006、GB 1094.5—2008 第 3.2 节的规定计算出来的。

5. 分接位置数（IEC 60214—2—2019 第 6.2.5 条）

对于分接开关的固有分接位置数目，各个制造厂的产品通常都已标准化。工作分接位置数目应优先在标准化系列之内选择。

因为分接范围增加，与之相适应的电压也增加了。因此要采取必要的措施，使在绕组最小匝数的位置上进行操作或试验时，避免在分接范围内产生过高的电压。在电炉变压器和电解供电的整流变压器中，这种现象会非常显著，因为这些变压器通常需要很宽的分接范围，并且分接开关是处在恒电压的绕组内，也就是说变压器铁芯的磁通变化范围很大。

除上述要求外，分接开关选型还可能涉及转换选择器的恢复电压、粗细调漏磁感应的切换、变压器和相间失步状态、强迫分流、用于具有非正弦电流的特殊变压器、触头寿命、分接开关机械寿命、电动机构、压力与真空试验、低温条件、连续操作、限流自耦变压器等要求，详细内容可参考 IEC 60214—2—2019 和 GB/T 10230.2—2007《分接开关第 2 部分：应用导则》第 6.2 节的相关内容。

1.4.2 分接开关选型方法

分接开关的选择对变压器而言尤为关键。一般来说，只要分接开关的技术参数符合变压器的技术要求，即可选用该型号开关。综合考虑技术及经济因素，分接开关选型以刚好满足变压器运行和试验为基本原则。不同制造厂家产品选型方法可能略有差异，但其流程大致如下：

第一步：分接开关选型前，须充分了解变压器的额定特性，包括如下参数：

（1）额定容量。

（2）绕组接法。

（3）额定电压及调压范围。

（4）级数，调压绕组的基本接法。

（5）额定绝缘水平。

（6）冲击和感应耐压试验时调压绕组的电压梯度（设计制造参数）。

第二步：根据变压器额定特性，计算得到所需分接开关的参数，包括：

（1）由变压器额定容量、绕组接法、额定电压及调压范围计算得出最大分接电流。

（2）由额定电压及调压范围、级数及调压绕组的基本解法计算得出分接开关级电压。

（3）由分接开关最大分接电流及级电压计算其切换容量。

第三步：基于所需分接开关参数计算值，考虑一定裕度，结合各厂家分接开关技术参数，确定合适的分接开关型号和电流。

（1）有载分接开关型号。

（2）相数。

（3）最大额定通过电流。

第四步：结合实际需要，确定开关其他参数，包括：

（1）开关设备的最高电压。

（2）分接选择器等级。

（3）基本连接图。

第五步：选型中还应该检查开关的其他特性：

（1）切换开关的开断容量。

（2）瞬时负载。

（3）允许的短路电流。

（4）切换开关触头的使用寿命。

除上述要求外，由于不同分接开关制造厂家产品的差异性，分接开关选型时还应注意以下问题：

（1）分接开关使用条件有一般地区使用和湿热、干热带地区使用之分。

（2）安装方式有钟罩式和箱顶式之分。

（3）分接开关的级电压在任何分接时不得超过该开关的允许级电压（一般电力变压器最小分接时级电压最高）。

（4）按 GB 1094《电力变压器》的规定：110kV 有载变压器和 220kV 有载变压器应保证−10%分接的温升。因此，对 110kV 和 220kV 有载变压器应以−10%分接按额定容量计算出的电流值来选择分接开关。

（5）有载变压器在冲击和工频试验时，各点电位和梯度随结构而异，因此必须按变压器梯度和电位分布情况，逐点校核分接开关对各处绝缘是否足够，尤其对新结构产品和某些特种变压器要注意分接开关对各点绝缘强度的核算。如核算结果分接开关绝缘不够，可改变变压器结构或选择高一电压等级的分接开关。

另外，对于换流变压器，其有载分接开关通过电流中因含有高次谐波而增高了电压梯度，且电流过零时的电流增量的陡度远远高于有效值相同的正弦电流时电流增量的陡度，在选择有载分接开关时必须考虑这些电压梯度的影响。对于这种情况还不可能导出切换容量允许限值的通用规则，因为电流的准确陡度与许多因素有关。根据分接开关厂家设计经验，可按技术数据中的额定切换容量的 75% 估算。这一原则适用于 MS、M、RM、R 和 G 型有载分接开关。

1.4.3 分接开关产品简介

国内外主要的分接开关厂家包括瑞典 ABB、德国 MR、上海华明、贵州长征等。本书在搜集相关厂家产品手册等资料的基础上，简要梳理了国内电力系统常用的分接开关产品及其命名方式，详细内容参见附录。

分接开关试验及运维检修技术

状态检测、运维检修及试验技术是保障变压器分接开关安全稳定运行的重要手段，可为分接开关状态监测与故障诊断提供诸多原始数据。基于巡视检查、带电检测、在线监测和离线测试等数据和信息，依据各种监测与试验数据的变化趋势及规律，结合前期出现的特征信息，并与分接开关出厂试验、交接验收试验等数据进行比对，可实现对分接开关缺陷及故障的有效识别及判断。本章结合分接开关现行标准，整理了分接开关相关试验方法、运维技术及状态检测技术，简要介绍了相关技术的原理、使用原则及注意事项等内容。

2.1 分接开关试验技术

分接开关试验主要包括出厂试验、型式试验及交接验收试验。在介绍分接开关各类试验及其试验方法前，首先需要了解分接开关的额定特性，其将在分接开关试验中作为部分试验参数设置的依据或参考对象。OLTC与OCTC的额定特性略有差异，如表2-1所示。

表 2-1 分接开关的额定特性

序号	OLTC	OCTC	解释
1	额定通过电流	额定通过电流	经分接开关流到外部电路的电流，此电流在相关的级电压下，能被分接开关从一个分接转移到另一个分接去。在满足相关标准要求的情况下，分接开关能连续地承载此电流
2	最大额定通过电流	—	分接开关设计的最大额定通过电流，它是有关试验的基准电流
3	额定级电压	额定级电压	对于每个额定通过电流，接到变压器相邻两个分接头上的分接开关两个端子间的最大允许电压
4	最大额定级电压	—	分接开关设计的额定级电压的最大值
5	额定频率	额定频率	分接开关设计的交流频率
6	额定绝缘水平	额定绝缘水平	对地、相间以及要求绝缘的零部件之间的冲击和工频耐受电压值

下面分别从出厂试验、型式试验及交接试验三个方面介绍各阶段所包含的试验项目及其试验方法，部分试验项目可能重合，如无特殊说明则表示该试验项目在各阶段是一致的。

2.1.1 分接开关出厂试验

分接开关出厂试验是分接开关制造厂家对每一批产品中每一台设备在出厂前按标准规定的项目进行的检查性试验。出厂试验的目的是通过各项试验来检查分接开关的制造质量是否符合要求，是否存在影响运行的缺陷，且能否出厂交付使用。出厂试验项目与分接开关产品的技术要求是相对应的，如表 2-2 所示。这些考核性试验项目的内容是根据分接开关标准或技术条件的要求确定的，同时，允许调整试验项目的顺序。

表 2-2　　　　　　　　　　　　分接开关出厂试验项目

序号	试验项目	备注
1	外观检查	包括表面质量、绝缘件外观质量、紧固件紧固性、分接开关清洁性等
2	触头参数测量	触头接触压力、超程、开距（程序断口开距与机械断口开距）测量
3	导电回路电阻测量	包括触头接触电阻、过渡电阻测量
4	转动力矩测量	
5	触头动作顺序测量	包括触头变换程序（触头变换的直流示波图）的测试
6	机械运转试验	
7	油密封试验	
8	工频交流耐压试验	在新油中进行试验
9	电动机构试验	
10	控制器或显示器试验	

1. 外观检查

外观检查主要采用目视检查，包括表面质量检查、绝缘件外观质量、紧固件紧固性、分接开关清洁性等项目。

（1）表面质量检查。

为了防止金属的腐蚀，分接开关的各种金属零件的表面常采用电镀、发黑等表面处理方法。因而，根据镀层材质及工艺不同，其检查要求也有所区别。

1）金属镀层。金属镀层着重检查镀层和基本金属结合是否牢固，有无镀层剥落。镀层结构是否细致紧密，有无裂纹、麻点、气泡等缺陷。镀层厚度是否均匀一致，色泽是否光亮等。

2）发黑处理。发黑处理仅作为油浸式分接开关中的黑色金属的暂时防蚀措施。采用发黑处理的零件在装配时应注意其防蚀效果，一旦发现防蚀失效，零件必须重新进行发黑处理。

3）喷漆处理。喷漆处理在零部件表面形成一层附着牢固、坚实、柔韧的涂膜，应注意检查其颜色是否一致，有无漆层脱落等缺陷。

4）环氧涂敷。环氧涂敷是指特定的均压（电极）零部件表面的涂敷处理，目的是提高分接开关的绝缘强度。因而，均压零部件表面应无尖角，且应光滑。环氧涂敷应附着牢固坚实，不应出现剥落现象。

（2）绝缘件外观检查。

在分接开关中的常用绝缘件主要由模塑成型或层压材料加工成型两种工艺制成。模塑成型绝缘着重检查毛刺废边是否去净。层压材料加工成型绝缘件应检查表面加工精度，加工面有无开裂、分层等缺陷以及绝缘浸漆处理有无气泡，表面是否光滑平整，有无沾灰、漏漆、麻点或漆堆严重等缺陷。均压零部件表面应光滑，若采用绝缘纸层包扎时，绝缘纸层应紧密，不得松散。

（3）紧固件紧固检查。

凡是快速运动的装配部件的紧固件锁固都应采取必要的防松退措施。同时，分接开关绝缘装配部件在干燥处理时，绝缘件在去除潮气时会引起尺寸的收缩，可能导致紧固件松退。因此，须特别注意复查绝缘件是否存在紧固松退缺陷。

（4）零部件装配正确性检查。

分接开关零部件装配完成后，应按零部件装配图或整定工作位置表检查各部件安装位置的正确性，有无错装或少装零件的情况。同时，检查分接开关零部件有无存在影响质量的损伤、碰伤等缺陷。检查分接开关各运动零部件的相对运动是否灵活，有无卡涩现象。

（5）接线正确性检查。

检查过渡电阻、级间过电压保护装置的接线方式的正确性。检查分接开关等电位连接可靠性（有无损伤或断裂），避免电位悬浮造成意外事故。检查分接选择器与切换开关连接引线的安装正确性与可靠性。注意检查引出导线两端的紧固连接必须可靠，连接螺钉无松动。引出导线绝缘纸包扎层不得破损与污染，引出导线与邻近的电位件之间留有 10mm以上的绝缘间隙或运动间隙。检查带有电位开关与电位电阻连接时的连接正确性与可靠性。检查电动机构的主回路和控制回路接线的正确性，且接线应整齐美观，排列均匀。

（6）分接开关清洁性检查。

分接开关应干净清洁，无屑末灰尘，更不能沾有金属屑末而影响绝缘性能。油浸式分接开关出厂前需进行热油冲洗，以保持分接开关的清洁性。气体型分接开关除用压缩空气吹干净外，绝缘部件应擦洗干净。

（7）铭牌正确性检查。

分接开关部件装配后，应检查铭牌上的技术参数和提示内容的正确性。检查各部件出厂编号的一致性。方向指示和位置指示应清晰无误。

2. 触头参数测量

触头参数主要包括触头接触压力、超程和开距等参数。出厂试验阶段，须测量触头参数以保证其满足要求，测量方法如下。

（1）触头接触压力测量。

触头接触压力大小直接影响触头接触状态，即对触头接触电阻和触头温升值有重要影响。分接开关在出厂试验及运行检修过程中要着重检查触头的接触压力，防止触头过热故障的发生。

触头接触压力可根据被测触头结构形式的不同，用测力计或弹簧秤等仪器进行测量。对于并联触头应分别测量各个触头的接触压力。触头接触压力应取三次测量结果的算术平均值，被试触头在相邻两次测量之间应至少进行一次分合操作。每次测量值的偏差不应超过其算术平均值的±10%。测量触头接触压力时，外加力应与被试触头接触点压力共一条作用线，如果被试触头有几个接触点，则外加力应与全部接触点接触压力的合力共一条作用线，或者按有关技术文件的具体规定进行测量。

如果分接开关总装后实测触头压力有困难，允许在相应部件上等效测量，或分别测量被试触头的实际超程和在此超程时触头压力弹簧的实际变形力，以确定触头接触压力。

（2）触头开距测量。

动、定触头间用于断开电弧的距离称为开距。对于分接开关而言，触头的开距包含程序断口开距和机械断口开距两重含义。程序断口开距是指触头在该开断程序内的断开距离。程序断口开距只能在触头切换机构装配中测量，一旦快速机构装配后就难以测量。因此，只能通过直流切换程序示波图间接地判断触头开距是否符合要求。机械断口开距可直接测量，有时也可通过断口的工频耐压试验间接地判断触头开距是否符合要求。

3. 导电回路直流电阻测量

分接开关导电回路电阻的测量包括触头接触电阻、分接开关及其主要部件（切换开关、分接选择器、转换选择器）等导电回路直流电阻和过渡电阻器电阻的测量。

（1）触头接触电阻。

分接开关载流触头主要是在闭合位置下工作，因此要求最大程度降低运行电流对触头的影响，以保证触头工作性能良好。除了考虑触头接触时必然产生的收缩电阻和膜电阻外，还应考虑电接触的结构形式、材料性能和表面加工情况等诸多因素的影响。要准确地计算接触电阻的数值十分困难，在实际工作中常常利用经验公式或曲线，但它们只能表示一定条件下接触电阻与压力的函数关系。

触头接触电阻测量用以识别或防止因触头接触不良而引起的触头过热问题。若触头接触电阻明显增高，可能引发过热。触头接触电阻的允许值取决于分接开关的设计和电流额定值。IEC 60214—2—2019《分接开关　第2部分：应用导则》推荐，如果触头功耗大于100W，则可能出现过热。

（2）导电回路直流电阻测量。

当导电主回路由若干串、并联触头组成，在分接开关装配后又不便于直接测量各触头的接触电阻时，允许测量串、并联触头的导电回路电阻值，并根据回路中的串、并联触头数目进行折算，或直接规定其导电回路电阻值，这时应注意回路中其他导电部件（如导电环、导电杆、软连接线等）对导电回路电阻的影响。

对于抽出式结构的分接开关，应分别测量分接开关本体及其插入油室后总的回路直流电阻。对于分接选择器，则应在分接选择器的任一分接位置和导电环引出导线末端之间的导电回路上测量直流电阻。

导电回路直流电阻测量方法与触头接触电阻测量方法完全相同。取 3 次或 3 次以上测量出最大电阻值为导电回路电阻的极限值。该值一般规定在相应的技术文件中。导电回路电阻各测量值与全部测量值算术平均值的偏差不得超过下述要求：对于分接选择器、转换选择器和切换开关，若有一个触头串联，则不应超过±25%；有两个或多个触头串联，则不应超过±30%；对于整个分接开关，不应超过±20%。

（3）过渡电阻器阻值测量（电阻式分接开关）。

过渡电阻器阻值一般为几欧姆，可采用电桥法或压降法进行测量。采用电阻分流的并联双断口过渡电路应分别测量每一支路的过渡电阻器阻值及并联的总阻值。过渡电阻的实测值与匹配值（铭牌上数值）存在±10%误差是允许的。

4. 转动力矩测量

转动力矩测量分为分接开关阻力矩和电动机构最大输出转矩测量。

（1）分接开关阻力矩测量。

分接开关阻力矩指切换开关、分接选择器或选择开关和无励磁分接开关的阻力矩。分接开关制造单位可分别规定切换开关、分接选择器和无励磁分接开关阻力矩的出厂允许值，可采用力矩扳手在两个操作方向分别测量切换开关和分接选择器的最大阻力矩。分接开关制造单位也可规定在装配完整的分接开关上的阻力矩出厂允许值，采用转矩转速传感器将阻力矩转化为电信号记录下来。这种测量方法方便准确，但应指明阻力矩的测量部位（水平传动轴或垂直传动轴），如无特别指明，一般应指垂直传动轴上的阻力矩，以保证与电动机构的输出转矩的匹配。

阻力矩测量时，应在正反两个转动方向上至少测量 3 次。每个方向上的 3 次测量平均值可认为是该方向的转动力矩值，3 次测量中各次测量结果和两个方向上测量平均值的偏差应不大于 20%。需要注意的是，对于组合式分接开关，其转动力矩主要体现在分接选择器上，因此要测量分接选择器动触头离开或进入定触头以及转换选择器随同分接选择器动作的最大转矩及相应位置。

（2）电动机构最大输出转矩测量。

电动机构最大输出转矩指电动机构输出轴（垂直传动轴）所能输出的最大转矩，测量时用模拟负载代替分接开关作为电动机构的负载，逐步加大负载至电动机构堵转状态，通过转矩转速传感器测量电动机构所能输出的最大转矩。

5. 触头动作顺序试验

触头动作顺序试验是有载分接开关出厂试验的重要内容，也是分接开关的重要技术参数之一。对于分接开关，触头动作顺序均有相应技术要求，可通过对各对触头动作顺序的检验来判断分接开关内部运动零部件有无变形、卡涩、螺栓松动和过量磨损现象，确定分接开关各部件所处的位置是否正确。因此，它是保证分接开关安装连接正确的主要测试手段，可单独或组合采用声响法与示波法进行。

对于油浸式分接开关，应置入清洁的变压器油中或在清洁的变压器油中浸润后进行。对于慢速动作的触头，如组合式有载分接开关的分接选择器（包括转换选择器），其触头动作顺序采用信号灯法或声响法判断较为适宜，可采用电动机构摇柄的转数表示其触头动作顺序；对于切换开关或选择开关，其触头动作程序以示波法判断较为适宜。组合式分接开关的触头动作顺序包括分接选择器、转换选择器和切换开关三者触头配合动作顺序以及切换开关触头变换程序。复合式分接开关的触头动作顺序包括转换选择器和选择开关两者触头配合动作顺序以及选择开关触头变换程序。

（1）分接开关触头动作顺序测量。

分接开关触头动作顺序通常以程序表或程序图表示。采用程序表表示时，以分接开关中某一特定零部件的转角或电动机构手柄转数来表示各相触头动作顺序。从分接开关整定位置开始，在分接开关全行程范围内，缓慢转动其电动机构摇柄，用目测法、声响法或信号灯指示作为触头"离开"与"合上"判断依据，切换开关动作转数用声响法判断。

（2）切换开关或选择开关触头变换程序测量。

有载分接开关的切换机构触头通常动作速度较快，只能采用示波图法测量其动作程序，在例行试验中通常以复合波形图表示（每一相使用一个通道），而在型式试验中通常以分波形法表示（每一个触头使用一个通道），这样更有助于详细地观察相关触头的重叠时间，但拍摄时需将各触头间的电气连接线断开。测量仪器通常采用光线示波器或数字记录仪，推荐采用具有波形放大与储存功能的数字记录仪，采样频率不低于5000Hz，分辨率不低于10位。

6. 机械运转试验

机械运转试验是分接开关出厂试验的重要项目之一，用以检查分接开关零件加工和装配过程中的质量，确认分接开关在制造上不存在影响运行的缺陷。该项目可与电动机构的机械运转试验一起进行，如果分接开关在下述机械运转试验中无任何机械故障发生，所有运动部件无卡涩、损坏和不正常磨损现象，方能认为试验通过。试验步骤如下：

（1）分接开关与电动机构的连接与调整。

分接开关与电动机构按相同的整定工作位置连接。如果被试分接开关为组合式结构，则分接选择器与切换开关应在整定工作位置下总装。总装后，再次核对各触头位置是否符合整定工作位置表上的规定位置。校验正反两个转动方向旋转差数的平衡。分接开关与电动机构连接时，必须调整切换开关动作切换瞬时（或选择开关动作切换瞬时）到电动机构动作完了之间的时间间隔。

（2）机械运转操作。

有载分接开关在出厂试验中应进行不少于10个操作循环的机械运转试验，无励磁分接开关在出厂试验中应进行不少于2个操作循环的机械运转试验。试验时，分接开关不一定要置于变压器油中，可在分接开关油室中注入变压器油，但油室外的运动机构应加变压器油润滑，或在变压器油中浸润一下。分接开关可以由配用电动机构带动进行规定次数（一般为2000次）的电动操作，也可以由专门用于试验的电动机构带动。试验中，定时检查分接开关各种功能，如果电动机构的试验与分接开关一起进行，还应检查电动机构功能是否符合相关技术要求，如果试验中发现分接开关功能不正常，需进行调整并重做本试验。

7. 压力及真空试验

分接开关油室及其头盖在规定的压力及真空度下应无肉眼可观察到的机械变形与损伤现象，没有渗漏油现象发生。试验方法主要包括油压（或气压）试漏法、油柱静压试验法、气体试漏法和真空试验法。

（1）油压（或气压）试漏法。分接开关油室在室温下充满变压器油（或不充油）后，再充入空气至60kPa，经24h后，检查油室及头盖无损伤变形现象，压力值指示没有明显降低，且所有密封部位无渗漏现象，即认为试验合格。采用该方法的唯一缺点是介质环境温度变化会对油压（或气压）产生一定影响，无法保持油压（或气压）恒定。因此，往往提高压力（70kPa）进行试漏。

（2）油柱静压试验法。油柱静压试验法是在分接开关油室充满室温下的变压器油后，在油室上加一定高度（约7.5m）的油柱，使油压力相当于60kPa，并保持24h，油室及其头盖无损伤变形，且所有密封部位无渗漏现象即为合格。

（3）气体试漏法。采用气体试漏法时，一般先充入压缩空气至55kPa，再充入氦气至60kPa，维持压力10min后用检漏仪在所有密封部位进行检测，当某一部位发生泄漏时，检漏仪会自动发出报警信号。

（4）真空试验。分接开关油室与适当功率的真空泵相连，抽真空至133Pa后，连续保持1h，检查油室及头盖无损伤及变形现象，真空度没有明显降低，即认为试验合格。

8. 绝缘试验

分接开关在整个运行期间可能遭受工频工作电压、工频过电压、操作冲击过电压和雷电冲击过电压的作用。长期工频电压作用下，分接开关因局部过热、局部放电、电晕、沿面放电及其所有积累效应引发绝缘劣化，影响其绝缘性能及其使用寿命。这和过电压作用下的短时击穿过程不同。因此，出厂试验中将1min外施工频耐压试验作为保证分接开关绝缘水平的一项基本试验，试验电压的产生、测量及试验程序按GB/T 16927.1—2011《高电压试验技术 第1部分：一般定义及试验要求》有关规定进行。

试验前，被试分接开关应按有关规定进行干燥处理，试验时分接开关应按使用情况进行组装布置，只要能表明是在等效条件下施加试验电压，则试验也可以在单独的切换开关、分接选择器或选择开关上进行。试验应在室温下进行。对于油浸式分接开关，试验应在绝缘强度大于40kV的清洁变压器油中进行。

9. 电动机构试验

电动机构的出厂试验包括逐级操作可靠性检查、安全保护可靠性检查、指示功能检查、电动机构箱的防护等级、机械试验和辅助线路绝缘试验。

(1) 逐级操作可靠性检查。主要包括：抗干扰试验，电动机构操作期间任意按动操作按钮，电动机构应不间断地完成一级分接变换操作；预防连动保护功能正确性检查，检查时间继电器整定时间；中间位置超越触点动作准确性检查；电气元件动作顺序正确性检查（包括行程开关、接触器、中间继电器等）；电动机刹车可靠性检查。以上检查均应达到有关技术文件要求。

(2) 安全保护可靠性检查。主要包括：电气极限保护和机械极限保护功能、手动操作安全保护功能、旋转方向保护功能（相序保护）、控制电压失压恢复后自动再起动功能、紧急断开电源功能和防潮加热器功能。以上功能应正确无误。

(3) 指示功能检查。主要包括：电动操作方向指示（按钮操作方向）、手动操作方向指示（手柄转向和转数）、累计操作次数指示（操作计数器）、就地分接位置指示（电动机构观察窗显示机械位置指示）、远控分接位置指示（远方控制室位置显示器）和分接变换操作进行中指示（信号灯显示）。以上指示功能应正确一致。

(4) 电动机构箱的防护等级。电动机构箱应达到 IP44 防护等级，打开门盖后应达到 IP1X 防护等级，以防止触及内部带电端子，其试验方法按 GB/T 4208—2017《外壳防护等级（IP 代码）》的有关规定进行。

(5) 机械试验。电动机构应在使用条件下（与分接开关同时进行机械试验）或带上模拟负载（电动机构单独进行机械试验）进行不少于 10 个操作循环（通常 2000 次）的电动操作，并按前述要求进行各种功能性检查。此外，还应在最大与最小电源工作电压下各进行一个操作循环的操作。如果试验中无任何故障现象出现，试验方能通过，否则调试后需重做本试验。

(6) 辅助线路绝缘试验。除了电动机和其他电压较低元件另有绝缘试验外，辅助线路的所有带电端子与机座之间应承受外施工频电压 2kV、持续时间 1min 的试验，试验中应无闪络击穿现象。

10. 控制器或显示器试验

控制器、显示器的出厂试验包括动作功能试验和绝缘试验。

(1) 动作功能试验。控制器或显示器应与分接开关、电动机构进行正确连接后，再进行试验。主要校验功能包括：

1) 动作程序正确性检验：检验控制器动作程序的正确性，当带有 3 个中间位置时，控制器应能驱动电动机构超越中间位置。

2) 控制器安全保护功能正确性检验：检验控制器安全保护（欠电压、过电压和过电流闭锁、终端位置限位等）功能的正确性，同时检验控制器能否与上位机进行 RS485 通信

（若设置时），响应上位机指令并能上传分接位置等信息。

3）控制器显示的准确性检验：检验分接位置显示和相应 BCD 码输出的准确性（若要求时），检验分接变换操作次数的正确性（若要求时），校验显示电压（取样电压、设定电压限值）的准确性。

（2）绝缘试验。在正常试验大气条件下，控制器或显示器的绝缘电阻不小于 20MΩ。控制器或显示器应能承受外施交流 1500V、持续时间 1min 的耐压试验，试验中应无闪络击穿现象。

2.1.2　分接开关型式试验

型式试验包括新产品定型试验和产品定期型式试验。新产品定型试验是按产品标准所规定的项目进行的考核性试验，目的是验证新产品设计的合理性和投产的可能性。当不经常生产的产品再次生产时或者产品零部件设计、制造工艺、关键原材料做重要更改，而这种更改影响到产品性能时也应进行部分或全部项目的型式试验。老产品定期型式试验是指某型号产品在投产后每隔一定年限按产品标准规定的项目进行考核性试验，目的是保证批量生产的老产品质量的稳定性。因此，分接开关厂家应从其批量生产产品中随机抽取样品，对其开展型式试验，以全面考核产品技术指标。在型式试验中，某些试验具有破坏性，且基本上按表 2-3 所示的顺序进行，但允许对型式试验合并和调整以及变更顺序，此时必须说明更换试验顺序的依据。

表 2-3　　　　　　　　　　　　　分接开关型式试验项目

序号	试验项目	备注
1	干燥处理后功能试验	重复出厂试验中序号 2、3、4、5、6、7、8 的试验
2	绝缘试验	包括雷电冲击电压、操作冲击电压和局部放电试验
3	机械试验	包括机械寿命试验和低温操作试验
4	油室密封试验	油中溶解气体分析（DGA）法
5	切换试验	包括工作负载切换试验和开断容量试验
6	过渡阻抗连续切换试验	
7	短路电流试验	包括动、热稳定性试验
8	温升试验	
9	电动机构试验	
10	油室试验	包括密封超压保护和机械强度等破坏性试验
11	其他试验	包括堵转等破坏性试验

1. 分接开关干燥处理后功能试验

将用于型式试验的分接开关分为两组，分别进行真空干燥和气相干燥处理。两种不同干燥处理后的分接开关分别进行功能试验，其目的在于考核分接开关功能的稳定性。

（1）干燥处理。

真空干燥处理流程如下：①预加热，将油室放入约为 60℃ 的烘房内，温度上升率为

10℃/h，最高温度为 105±5℃。②第一阶段加热，在循环空气中加热 20h。③第二阶段加热，真空干燥持续 160h 以上，最高温度为 110℃，残余压力小于等于 133.3Pa。

气相干燥处理（打开油室底部泄漏螺钉条件下）流程如下：①加热到 125℃左右，温度上升率约 30℃/h，压力增加（1～100）×133.3Pa。②压力降低约 3h，直至真空度小于等于 133.3Pa，最高温度 125℃，持续时间约 100h。

（2）分接开关在干燥处理后的功能试验。

触头接触压力测量、转动力矩测量、触头动作顺序的测量和压力及真空试验，相关试验流程及要求参照出厂试验要求进行。

2. 绝缘试验

分接开关的绝缘型式试验用以全面考核分接开关在各种不同电压作用下的绝缘强度是否达到有关技术文件规定的要求，试验前分接开关的干燥处理按有关规定进行，如果干燥后的功能试验周期较长，分接开关干燥后可先进行绝缘试验。试验应在室温下进行。对于油浸式分接开关，试验应在绝缘强度不低于 40kV 的清洁变压器油中进行。

分接开关的绝缘水平应通过在下述绝缘距离上所进行的绝缘试验来验证，包括：对地；相间（如果有）；分接选择器或选择开关、转换选择器（如果有）以及无励磁分接开关的首末触头之间；分接选择器或选择开关以及无励磁分接开关的相邻两个触头之间，或者与分接开关触头布置有关的任何其他两个触头之间；切换开关处于最终打开位置时的触头间；无励磁分接开关其他绝缘距离，由于触头的布置，在该距离下出现比上述试验值更高电压时。

分接开关绝缘型式试验的顺序如下：操作冲击试验（若要求时）→雷电冲击试验→外施耐压试验→局部放电试验（若要求时）。

（1）外施耐压试验。应采用符合 GB/T 16927.1 规定的单相交流电压，在要求的耐受电压值下进行试验，每次试验的持续时间为 1min。

（2）雷电冲击试验。试验波形应采用 GB/T 16927.1 规定的 1.2/50μs 标准冲击波。每项试验应按规定的电压值，正负极性各冲击 3 次。

（3）操作冲击试验。本试验适用于最高允许电压 252kV 及以上分接开关。试验应在分接开关带电部分与接地部分之间进行。分接开关制造单位应给出其试验接线布置。冲击波形按 GB/T 16927.1 规定，为 250/2500μs。每项试验应在要求的电压下正负极性各冲击 3 次。

（4）局部放电测量。设备最高电压 126kV 及以上且要求开展局部放电试验时，应在分接开关的带电部分与接地部分之间进行本试验，应采用符合 GB/T 16927.1 规定的单相交流电压进行试验。

3. 机械试验

机械试验用于考核分接开关的结构形式、零部件性能是否达到了设计要求的电气性能以外的其他技术指标，包括机械寿命试验、低温操作试验、触头动作顺序试验、压力及真空试验、密封性能试验等项目。

（1）机械寿命试验。

机械寿命试验考核分接开关的机械结构能否达到规定要求的机械操作次数。试验应在触头不带电及全分接范围内进行。对于有载分接开关，试验中应至少进行 50 万次分接变换操作，其中转换选择器应至少进行 5 万次操作；对于手动操作的无励磁分接开关，应至少进行 2000 次操作，对于电动机构操作的无励磁分接开关，应至少进行 2 万次操作。

油浸式分接开关应在注有清洁变压器油的试验箱中进行，其中应有一半的操作在不低于 75℃ 的油中进行，另一半操作在较低油温下进行。为使试验能自动进行，应专门制作具有一定保护和监视功能的试验装置。机械寿命试验可以连续操作，注意这时电动机构的操作频率远高于正常操作频率，需对电动机采取附加冷却措施。在机械寿命试验过程中，应进行下述项目检查和测量，试验后的分接开关达到各项目要求，即可认为试验合格。

1）检查分接开关的动作顺序。在试验开始、每 5 万次操作之后和试验结束时，应摄取切换开关和分接选择器或选择开关以及装上了转换选择器的无载示波图 10 张或用其他记录装置监测分接开关的动作顺序，示波图或监测记录应能反映出动作过程中各触头的开断和闭合时间，对所有这些示波图或监测记录的比较分析应能表明分接开关的切换特性没有发生明显的变化并符合要求。

2）试验进程中，除已明确的易损件之外其他零件不允许更换，但允许按规定要求对分接开关进行定期的正常检修。在每次检修时应对分接开关的功能和运动部件的磨损情况进行检查。应检查分接开关（包括电动机构）各部位磨损程度和机械零件有无故障，并逐件记录或拍照，从而判定有无故障和过度磨损。

3）测量分接开关转动力矩应无明显变化。必要时测量电机工作电流和波形，应无显著差别。

4）测量分接开关触头参数及接触电阻无明显变化，触头参数仍符合技术文件规定的要求。

5）检查分接开关的紧固件应无松退。

6）试验前后应进行有载分接开关油室或无励磁分接开关的所有密封部件和部位进行压力及真空试验，以确认其承受压力和真空的耐受值。密封试验方法与出厂试验相同，如采用油柱静压法试漏时，变压器油温度应为 80～85℃，以确认其密封性。

（2）低温操作试验。

对于油浸式分接开关，变压器油可起到运动润滑剂的作用，因而它的运动状况与变压器油的黏度有关，变压器油的黏度则与温度和石蜡含量有关。油温越低，黏度越大，同时，在低温下，石蜡会从变压器油中析出，使油逐步失去流动性，直至全部凝固。因此，研究分接开关低温下操作功能，对我国东北、西北寒冷地区运行的分接开关具有现实意义。

低温操作试验是型式试验的一个组成部分。在机械寿命试验中，明确规定须进行−25℃下 100 次操作试验，但是为了保证低温操作的可靠性，开展更低温度下操作试验研究也具有现实意义。

1）在−25℃下 100 次操作试验。对于切换开关、选择开关及无励磁分接开关，应进行 100 次的低温操作试验。试验时，油浸式分接开关应在注入符合规定要求的变压器油后，置于−25℃的环境中，并在分接开关内部（如储能机构、触头机构、过渡电阻器等处）布置热电偶以测量这些部位的温度。

当分接开关内部温度达到−25±3℃时，对分接开关进行 100 次机械操作，每次均记录它们的操作示波图，将这些示波图与常温下操作记录的示波图进行比较，除切换时间有所增长外，应表明分接开关在低温下能够可靠地完成分接变换操作，适宜于低温下运行。

2）在−40℃下低温功能试验。低温功能试验是将注入 45 号变压器油的切换开关和分接选择器放到低温室进行试验。所有试验的技术要求均与−25℃低温试验相同。

4. 油室密封试验

（1）在工作负载试验期间的密封试验。

该试验用于检验切换开关或选择开关油室的密封性能，且试验可与工作负载试验同时进行或在油中单独进行。油浸式开关油室的密封性应采用油中溶解气体分析法来检验。切换开关或选择开关油室应置入一个封闭容器内，容器的体积不应超过分接开关油室容积的 10 倍。切换开关或选择开关油室的油压至少比容器内压力大 20kPa。在试验开始和结束时，分别从容器里抽取油样进行油中溶解气体分析，结果应表明与有载分接开关操作期间通常所产生的气体含量（H_2、CH_4、C_2H_6、C_2H_4、C_2H_2）相比，其气体增量不大于 $10\mu L/L$。

（2）单独密封试验。

该试验可用于单独检验切换开关或选择开关油室密封性，其试验条件与监测方法与在工作负载试验期间的密封试验相同。切换开关或选择开关油室中的油应满足以下条件：油压至少比上述容器内的压力大 20kPa，注入乙炔量不少于 10%。完全装配好的切换开关或选择开关在触头不带电的情况下进行 5 万次操作，试验时间至少 2 个星期。在试验开始和结束时，分别从容器里抽取油样，油中溶解气体分析的结果应表明乙炔增量不大于 $10\mu L/L$。

对于用真空开关或用其他不产生电弧的电器作为切换开关或选择开关，若制造单位能声明切换开关或选择开关油室内不会产生电弧时，就不必要进行上述两项密封试验。

5. 切换试验

切换试验包括工作负载试验和开断容量试验，两个试验的目的不同，但两者均需模拟有载分接开关在设计定额下所产生的最严重负载条件。有载分接开关最严重的负载条件与其结构型式有关，不同型式电阻过渡的有载分接开关触头最繁重的切换任务参见 GB/T

10230.1—2019 中附录 C。切换试验可以仅在切换开关或选择开关上进行，但应证明这样不会影响触头的操作条件。对于三相有载分接开关通常只选取某一相进行试验，如果是油浸式分接开关，应预先注入耐压强度不低于 40kV 的清洁变压器油，且在后续的试验过程中不能更换有载分接开关中的触头和变压器油。

试验中应确定不同工作负载点所对应的过渡电阻器阻值及其型式，可以采用热容量更大的外接过渡电阻器，并对它采取附加冷却措施。试验电路可以采用 GB/T 10230.1—2019 标准所推荐的试验线路，也可以采用其他经验证过的模拟试验线路，但必须使被试有载分接开关触头上的开断电流、恢复电压及其乘积，在任何情况下不应小于与切换循环（见 GB/T 10230.1—2019 中附录 C）相适合的计算值的 95％。如果切换开关或选择开关有几个触头组按确定的程序动作，则不允许每个触头组与其他触头组分开来进行试验，除非能证明任一组触头的切换操作条件不受其他触头组切换操作的影响。试验前，有载分接开关的组装布置与机械试验相同，可按照运行状态安装保护继电器和储油柜。

（1）工作负载切换试验。

工作负载切换试验用以证明有载分接开关在设计定额允许的负载下所进行的分接变换操作能够达到有关规定要求的操作次数。它主要取决于有载分接开关触头的结构和性能。因此，工作负载切换试验过程中不允许更换触头及其他零部件，但可以按运行中的有关规定进行正常的检查维护。如果工作负载切换试验后的有载分接开关仍具备应有的切换特性，触头烧损量不超过允许极限，则认为试验通过。工作负载切换试验可按实际情况选择下述方法之一进行。

1）额定级电压下的工作负载切换试验。有载分接开关的触头应在承载电流不小于最大额定通过电流和相关额定级电压下承受相当于正常运行 5 万次的分接变换操作。对于额定负载曲线中存在两个拐点的有载分接开关，还应在不小于最大额定级电压和相关额定通过电流下进行试验。

在至今为止的模拟试验线路中，试验电压的极性与实际运行情况仍有差别，试验中总有一侧的触头或者总是触头的一侧烧损比较严重，为获得与实际运行情况一致的较为均匀的烧损结果，工作负载切换试验中应每隔一定的操作次数变换一次试验电压的极性。

在试验的初始阶段摄取 20 张切换波形，以后每完成 12500 次后再摄取 20 张切换波形，直到试验结束再摄取 20 张切换波形，总计不少于 100 张切换波形，以供分析对比整个试验过程中有载分接开关的切换特征。如果有条件，最好对每次切换操作都进行监测和记录。

切换波形图应提供各记录通道的通道名称及表明时间与幅值的定标标尺，根据这些标尺应能从波形上判读出开关在负载条件下的级电压、负载电流数值，以及在切换过程中各触头的开断电流、恢复电压及燃弧时间数值，并具有足够的准确度。所有这些示波图的分析结果应能证明有载分接开关在整个试验过程中未发生危及有载分接开关操作的情况，分接开关能够在设计定额下可靠地完成5万次分接变换操作而无需更换触头。

试验过程中，当按运行规定进行检查和维护时，应着重检查触头烧损情况、紧固件松动情况、软连接线磨损情况、油质污染情况等，并拍摄动作程序示波图，必要时应拍照以备分析研究。

2）在降低额定级电压下的工作负载切换试验。当受试验条件限制无法按上述要求的方法进行工作负载切换试验时，可以在降低级电压下进行工作负载试验，但应使触头烧损情况与按额定级试验相当。降低级电压下的工作负载试验进行5万次后，在不更换触头和变压器油的情况下，在最大额定通过电流和相关级电压下再进行100次切换操作，对每次操作均进行示波记录。把这些波形图与试验前所拍波形图进行对比，有载分接开关不应发生危及设备操作的变化。

3）选择开关工作负载切换试验。为使试验过程尽量接近实际运行情况，选择开关的工作负载切换试验应在不多于8个分接位置（不包括终端位置）上进行。如果有载分接开关带有转换选择器，这些分接位置应以转换选择器所在位置为中心进行布置。

4）单电阻过渡切换开关工作负载试验。当切换开关按非对称尖旗循环变换操作设计时，主通断触头将有1/4次数的操作是在循环电流与负载电流的相量相减的情况下进行切换，有1/4次数的操作是在循环电流与负载电流的相量相加的情况下进行切换的，级电压的极性要保证这两种情况都得到考核。

（2）开断容量试验。

开断容量试验用以验证有载分接开关的过载切换性能。试验应在两倍最大额定通过电流和相关级电压下进行。开断容量试验和工作负载试验应在同一相的触头上进行，可以在工作负载试验之中或之后进行，操作次数不少于40次，其中在触头任务为重载时的操作次数不少于总操作次数的一半。

开断容量试验的每一次切换操作均应进行示波记录，示波分析应表明过载条件下的触头燃弧时间不会危及有载分接开关的操作。开断容量试验应尽可能使用按实际运行要求配置的过渡电阻器，这时其试验结果可代替过渡阻抗试验中对过渡电阻器用两倍最大额定通过电流在相关额定级电压下操作一次的附加试验。

（3）切换试验的评定。

切换试验指标主要包括燃弧时间、触头电气寿命及触头表面烧毁程度等。综合上述评价指标，判断试验项目是否合格。

1）燃弧时间。有载分接开关电弧触头的燃弧时间是一个重要的指标，燃弧时间内不允许出现危及有载分接开关操作的现象。通常认为在一次切换过程中，当分接开关接通侧的主通断触头已经接通时，而断开侧的主通断触头电弧仍未熄灭的情况是一种最严重级间短路的情况，这种状况绝不允许在试验中出现。

2）触头电气寿命。电弧触头电气寿命可通过切换试验的结果进行评估，因触头的烧损与其所开断的电流有关，因此可根据切换试验中的实际负载电流计算出最大额定通过电流下的操作次数，并根据电弧触头实际烧损情况折算出其在最大额定通过电流下可能达到的操作次数。

3）触头表面烧损程度。经过切换试验的触头，除了要检查烧损量之外，还应对触头烧损状况、烧损是否均匀，有无开裂、拉脱和不正常的飞弧现象进行认真检查和分析，并对触头表面烧损程度进行分级评估，判别触头表面质量等级。

6. 过渡阻抗实验

（1）过渡电阻器。

过渡电阻器仅在切换开关或选择开关切换操作期间承受循环电流和负载电流。在分接开关允许的任何操作中，过渡电阻器的温升不应超过规定限值，而且该温升不应影响邻近组件的性能，过渡电阻器的试验是以变压器允许的过载条件下进行半个循环的连续分接变换操作为考核基础，试验可采取下述方法之一。

1）连续切换操作下的过渡电阻器试验。有载分接开关上所配用的过渡电阻器必须按实际使用情况安装在分接开关中，对于油浸式开关应浸入变压器油中，在1.5倍最大额定通过电流和相关级电压下，按电动机构的实际操作速度不间断地进行半个循环的切换操作，过渡电阻器的允许温升，在空气环境中不应超过400K，在油环境中不应超过350K。

过渡电阻器温升的测量方法参照触头温升试验，电阻器温升测量点应选择在发热较严重的部位，周围介质的温度测量点应选择在电阻元件下部低于25mm处。试验可以采用切换试验的试验线路，也可以采用模拟试验线路。在连续半个循环的操作试验中，应保证被试过渡电阻器通过的电流一次为重载切换电流，一次为轻载切换电流。对选择开关而言，应保证有一侧的过渡电阻器每次都通过重载切换电流。

2）利用功率脉冲电流进行的过渡电阻器试验。可以按GB/T 10230.1—2019附录F中介绍的方法进行试验，温度测量方法与连续切换操作下的过渡电阻器试验相同。

（2）过渡电抗器。

过渡电抗器通常按分接开关所配套的变压器的规范进行试验。

7. 短路电流试验

短路电流试验用以考核分接开关对短路电流产生的电动力和热效应的承受能力，试验结果可作为对触头接触压力和接触电阻允许值的验证依据。

分接开关所有连续载流的触头，应能承受每次持续时间为2（1±10%）s的短路电流冲击而不发生熔焊、变形，相关绝缘件无因过热引起的变色等现象。油浸式分接开关应在变压器油中进行。试验可以将切换开关和分接选择器分开进行，也可以将切换开关、分接选择器、转换选择器或选择开关等连接后一起进行。试验前在无负载的条件下操作几次，并选取回路电阻最大的一相接入试验电路。试验应进行3次，每次的起始峰值电流应为额定短路电流方均根值的2.5（1±5%）倍，并间隔一定的时间，以消除前一次试验的热积累。

在实际短路电流试验中，往往把动热稳定性试验分开进行。在热稳定性试验中，只考核短路电流方均根值和持续时间，忽视了初始峰值电流的影响。在动稳定性试验中，侧重考核初始峰值电流，然而施加试验时间仅为 0.1s，即 5 个周波电流。试验后，触头不应有妨碍其在额定电流下连续正确工作的损坏，承载电流的其他一些零件不应有永久机械变形的痕迹。

8. 触头温升试验

触头温升试验用以考核分接开关在过载条件下的长期负载能力，其结果同样作为对触头接触压力和接触电阻允许值的验证依据。

对于运行中承载连续电流的各类型触头，在 1.2 倍最大额定通过电流下，当触头与周围介质每小时的温差变化不超过 1K 时，其温升应不超过相应要求。油浸式分接开关应在变压器油中进行。试验可以将切换开关和分接选择器分开进行，也可以将切换开关、分接选择器、转换选择器或选择开关等连接后一起进行。试验前在无载荷的条件下操作几次，并选取回路电阻最大的一相接入试验电路。触头温升试验采用热电偶法进行温升测量，应在通流回路各串、并联触头上布置热电偶，热电偶的固定可采用埋入法、焊接法或粘胶法等。测量点应尽量靠近触头的实际接触点。周围介质的温度应在触头下方不小于 25mm 处测量。

当分接开关长时间（数月）停留在一个分接位置时，触头操作过程中正常的擦抹动作没有了，触头表面得不到清洗。触头之间和周围碳的生成物可能和触头粘在一起，导致触头接触电阻高于正常值，则触头表面可能过热，形成碳沉积，这可能是无励磁分接开关和有载分接开关转换选择器的潜在问题。应当指出，在触头接触状况方面，无励磁分接开关要比有载分接开关严重得多，因此，在 GB/T 10230.1—2019 中，无励磁分接开关触头温升的要求要比有载分接开关触头温升的要求严格得多，即无励磁分接开关触头温升限值低于有载分接开关，其目的是防止触头长期保持在一个位置上出现碳沉积。

9. 电动机构和控制器试验

（1）电动机构。

分接开关配用的电动机构，其型式试验可以单独进行，也可与分接开关相应的试验项目一起进行。电动机构的型式试验包括以下项目：

1）机械负载试验。试验时，电动机构应带上设计要求所允许的阻力矩最大的分接开关或者相应的模拟负载进行全分接范围的分接变换操作。

电动机构带上有载分接开关时，在全部的 50 万次操作中，至少有 1 万次分接变换操作应在规定的最小电源电压下完成，有 1 万次分接变换操作在规定的最大电源电压下完成，还有至少 100 次操作在 -25±3℃ 温度下完成。

电动机构带上无励磁分接开关时，在全部的 2 万次操作中，至少有 1000 次分接变换操作应在规定的最小电源电压下完成，有 1000 次分接变换操作在规定的最大电源电压下完成，还有至少 50 次操作在－25±3℃温度下完成。

试验中电动机构的加热电路可以切断，并允许电动机有外加的冷却措施。试验中电动机构允许按正常的检修周期进行检修，检修时应按例行试验的规定进行电动机构的各项功能检查，这些检查应能表明电动机构的零部件未发生危及运行安全的故障。如果试验后的电动机构零部件无过分磨损，试验即可通过。

2）超越端位试验。为保证运行安全，在电动机构电气限位出现故障的情况下，对电动机构进行电动操作时应不发生电气和机构的损坏。

试验时可人为制造电气限位开关故障，如把电气限位开关短路。试验应在两个极限位置至少各进行 3 次。

3）电动机构箱的防护等级。电动机构箱应达到 IP44 防护等级，打开门盖后应达到 IP1X 防护等级，以防止触及内部带电端子。试验方法可参照 GB/T 4208—2017《外壳防护等级（IP 代码）》的有关规定。

（2）控制器（仅指有载分接开关）。

控制器的型式试验包括以下项目：

1）功耗测试。在有载分接开关控制器的电源输入端子与取样输入端子（如果有）上分别施加产品标准规定的激励量，测试其总的功率消耗，试验方法可参照 GB/T 7261—2016《继电保护和安全自动装置基本试验方法》的规定。

2）28 昼夜可靠性试验。28 昼夜可靠性试验的目的是验证控制器功能的正确性，其试验项目如下：验证控制器动作程序的正确性，试验方法按出厂试验规定进行；验证控制器在整定参数下自动调压功能和安全保护功能的正确性；验证控制器显示清晰性、准确性和可靠性。

3）绝缘试验。绝缘试验包括绝缘电阻测量、工频耐压试验和冲击电压试验（若要求时），试验在试品的电源端子与外壳之间以及电源端子与信号端子之间进行，试验时各独立电路的端子连接在一起，对具有绝缘外壳的产品，其外壳应覆盖一层金属膜。

4）高低温试验。根据 GB/T 10230.1—2019 规定的使用地点、周围环境、最低和最高温度，验证其动作特性和功能的正确性。

低温试验。在低温试验箱内进行。当低温试验箱的温度达到－10℃并保持 2h 后，在其输入端子上施加产品标准规定的激励量，对其进行功能性验证，并计算低温下动作特性的变差程度。

高温试验。在高温试验箱内进行。当高温试验箱的温度达到 40℃并保持 2h 后，在其输入端子上施加产品标准规定的激励量，对其进行功能性验证，并计算高温下动作特性的变差程度。

5）交变湿热试验。按 GB/T 7261 的规定进行交变湿热试验。电子装置不通电，在最高温度为 40℃，相对湿度不低于 95％的湿热试验箱内，经过 2 周期（每周期 24h）的交变湿热后，测量绝缘电阻，其值应不小于 1.5MΩ。再进行 75％规定电压下的工频耐压试验，不应发生闪络击穿现象。上述试验后，在正常大气条件下恢复 2h 后，进行外观和其他电气性能的测试。

6）温度贮存试验。按 GB/T 7261 进行温度贮存试验。

7）电磁兼容试验。试验项目包括：静电放电抗扰度试验，射频电磁场辐射抗扰度试验，电快速瞬变脉冲群抗扰度试验，浪涌（冲击）抗扰度试验，电压暂降、短时中断和电压变化抗扰度试验，振动试验（振动响应试验、振动耐久试验）和冲击碰撞试验。

10. 特殊试验

特殊试验是指为了稳定、改进和提高分接开关的性能，研制新产品或进一步了解产品性能而进行的研究性试验，也包括用户对产品提出的特殊要求所进行的考核性试验。对于这些试验，除特殊要求之外，其余部分的试验方法可以参照以上介绍的相应试验内容。

有载分接开关的特殊试验包括以下项目：

（1）油室的试验。

1）超压保护试验。分接开关上通常都装有爆破盖作为安全保护装置，其爆破压力随材料质量变化较大，为了将动作压力控制在一定范围之内，常常要进行一些单独零部件的破坏性试验。

2）机械强度试验。有载分接开关的承压强度应大于压力释放装置的整定值。试验时，油室充油后逐渐增加压力，直至油室发生压力急剧跌落。检查油室，只允许爆破盖破裂，其他部件不允许损坏。记录破坏时的压力值和破坏情况，重复进行油室的密封性能试验。

3）油室真空试验。油室真空试验是考核在抽真空时，导致油室密封破坏、凹陷变形或出现异常响声时所对应的真空度极限值，持续时间不超过 1h。

（2）分接开关机械堵转试验。

为防止分接开关发生机械堵转时产生较大的机械损坏，有的分接开关上设置了一个薄弱环节。分接开关堵转时，薄弱环节首先断裂，使分接开关与电动机构脱离。可以对薄弱环节单独进行试验，记录断裂时的破坏力矩和断裂情况，也可以在分接开关上进行试验，人为制造分接开关与电动机构的连接错位，不仅验证了薄弱环节的破坏力矩，也验证了分接开关在堵转力矩作用下传动件的承受能力。

（3）噪声测量。

电动机构操作时的噪声不仅影响工作环境，在某种程度上也影响其本身的工作可靠性，应按 GB/T 6404 测定电动机构噪声等级。

（4）绝缘放电试验。

可按绝缘型式试验的相关要求进行。

2.1.3 分接开关交接验收试验

分接开关从制造厂内出厂试验合格、经变压器上安装、现场安装投运、运行维护和检修，要经过一个复杂的运输、安装和运维的过程。为了判定分接开关在上述的各过程中功能特性是否发生变化或遭受破坏，考核安装或检修的正确性，每个安装或检修的过程都必须对分接开关进行试验。

分接开关在变压器上安装后进行功能特性试验，实质上是分接开关厂与变压器厂之间进行的交接验收的试验。它也是变压器出厂试验的重要项目之一。分接开关连同变压器运到现场，在现场安装就绪后安装单位或变压器厂与电力用户之间需要办理交接验收手续，根据现场条件对分接开关和变压器进行若干交接试验项目。按计划进行定期检修、按质量状态进行检修的分接开关，无励磁调压变压器改造为有载调压变压器或者分接开关更新改造，由电力设备运维检修部门完成检修交接验收手续。从广义上讲，把上述三个不同过程与层次的分接开关试验统称为分接开关交接验收试验。这三个不同过程与层次的试验项目与试验内容大体相同。交接验收试验的目的包括：

（1）检验分接开关安装后的质量状况。分接开关在每一次运输和安装过程后的质量状况，与出厂试验时相比较会发生不同程度的变化，有时甚至可能发生破坏性的变化。尤其分接开关经过干燥（气相或真空）处理后，其绝缘性能、油室密封性、弹簧特性和紧固件的紧固性等会发生不同程度的变化或质量缺陷。为了验证这种变化的程度是否在不影响变压器和分接开关安全运行的限度之内，标准规定要进行每一次运输和安装后的交接验收试验。

（2）考核分接开关检修的质量状况，以确定检修后分接开关质量状况与出厂试验时相比较，是否达到原出厂技术要求或能否投入运行。

（3）建立长期运行的比较基准。由于分接开关安装后的质量状况与出厂试验时的状况有所不同，作为运行的比较基准，交接验收试验结果更为直接。所以为运行建立基准，是交接验收试验更为深远的目的。

分接开关在三个不同层次上的交接验收试验的项目和内容虽然大体相同，但各层次的交接验收试验的目的有所不同，试验项目的侧重点各有差异。具体交接试验项目和要求见表2-4。

表 2-4 分接开关交接验收试验项目周期及标准

序号	试验项目	试验周期	标准	说明
1	绝缘电阻测量	1）变压器出厂； 2）投运交接； 3）大修； 4）吊芯检查	不作规定	连同变压器绕组进行，有条件时，单独测量对地、相间及触头间绝缘电阻值
2	测量过渡电阻值	1）变压器出厂； 2）投运交接； 3）大修； 4）吊芯检查	符合制造厂规定，与铭牌值比较偏差不大于±10%	使用电桥法或万用表

序号	试验项目	试验周期	标准	说明
3	测量触头的接触电阻	必要时	每对触头不大于350μΩ或500μΩ	1）测量前应分接变换一个循环； 2）分接变换次数到检修周期限额的工作触头及更换新触头时必须测量尺寸
4	测量触头压力	—	符合制造厂规定	可检查触头的压缩量或用塞尺检查接触情况
5	切换开关或选择开关油室绝缘油的击穿电压和水分含量	1）变压器出厂； 2）投运交接时； 3）大修时； 4）每6个月～1年或分接变换达到2000～4000次	1）符合制造厂规定； 2）交接或大修时与变压器本体相同； 3）运行中油的击穿电压大于30kV，小于30kV时停止分接变换	运行中的分接开关油室绝缘油的含水量符合下述要求：电压等级110kV及以上时应小于30μL/L，电压等级60kV及以下应小于40μL/L。当含水量大于40μL/L时，停止变换操作，换油或进行油的再生处理
6	电弧触头变换程序的测量	1）变压器出厂； 2）投运交接时； 3）大修时； 4）必要时或按规定	触头变换程序应符合制造厂要求，无开路现象，主通断触头切换时间≥12ms	在油中用示波器对每相单、双数位置测量触头变换程序的示波图
7	触头动作顺序的测量	1）变压器出厂； 2）投运交接时； 3）大修时； 4）必要时或按规定	分接选择器、转换选择器、切换开关或选择开关触头动作顺序应符合技术要求	应在整个操作循环内进行
8	机械运转试验	1）变压器出厂； 2）投运交接时； 3）大修时； 4）必要时或按规定	切换过程中无异常现象，电气和机械限位动作正确，符合制造厂规定要求	变压器分接开关无电压下操作10个循环，500kV变压器在额定电压下操作2个循环。其他分接开关在额定电压下操作1个循环
9	测量连同分接开关的变压器绕组回路的直流电阻	1）变压器出厂； 2）投运交接时； 3）大修时； 4）吊芯或连接校验后； 5）1～3年1次	1）同变压器要求； 2）不应出现相邻两个分接位置直流电阻相同或倍级电阻	1）一般应在所有分接位置测量； 2）切换开关吊芯检查复装后，在转换选择器工作位置不变的情况下至少测量3个连续分接位置； 3）测量前应分接变换3个循环
10	测量连同分接开关的变压器绕组变压比	1）变压器出厂； 2）投运交接时； 3）大修时； 4）连接校验后	同变压器要求	
11	辅助回路的绝缘试验	1）变压器出厂； 2）投运交接时； 3）大修时； 4）1～3年1次	1）绝缘电阻不小于1MΩ； 2）工频交流耐压2000V，持续1min	1）工频交流耐压2000V，持续1min； 2）当回路绝缘电阻在10MΩ以上时可用2500V绝缘电阻表测1min代替交流耐压； 3）预防性试验仅测量绝缘电阻

序号	试验项目	试验周期	标准	说明
12	分接开关连同变压器的绝缘强度试验	1）变压器出厂； 2）投运交接时； 3）大修时； 4）重绕绕组时； 5）必要时或按规定	1）工频耐压（50Hz、1min）； 2）感应耐压； 3）雷电冲击耐压（全波 1.2/50μs 和截波 2~5μs）； 4）操作冲击耐压； 5）局部放电试验（局部放电＜50pC）	1）油样耐压大于 40kV； 2）干燥处理（气相或真空）； 3）施加电压值和试验方法按产品规定要求； 4）投运交接或大修时，工频耐压和感应耐压的试验电压值为出厂试验耐压值的 85%
13	分接开关连同变压器的空载合闸试验	1）投运交接时； 2）大修时； 3）必要时或按规定	1）投运交接空载合闸 5 次； 2）大修后空载合闸 3 次	每次空载合闸间隔为 5min；中性点接地系统进行试验时中性点必须接地；空载合闸宜在高压侧并在使用分接上进行

分接开关交接验收试验的一些功能性试验项目与分接开关出厂试验的项目是完全相同的，本节中不再描述。另外，部分与变压器同时开展的试验，也可参考变压器相关书籍或标准中的描述，也不再赘述。

2.2 分接开关状态检测技术

分接开关的运行状态与其制造工艺、安装质量及运行环境等因素有关。状态检测技术对掌握分接开关乃至变压器运行状态具有重要意义，有助于监视运行中分接开关健康状况，提早发现分接开关状态的变化，及时消除缺陷隐患，预防事故的发生。从广义上讲，状态检测方法由定期检查和试验、巡视检查及在线监控和监测三部分组成。

巡视检查指的是每天进行的分接开关外观表象的巡视检查。分接开关在运行中发生故障时，除油中气体成分和电气参数发生变化外，一般常伴有某些部位的外表颜色、气味、声音、温度、油位、负载等的变化。巡视检查可以看出分接开关异常的体外表象。结合这些变化对分析与综合诊断分接开关的故障部位、性质、趋势和严重性等起到一定的作用。

在线监测指的是在不影响分接开关正常运行的前提下，对其工作时的状况连续或定时进行的监控或监测，通常这些监控与监测可以自动进行。变压器和分接开关运行时的电压、电流、温度等信息的采集都属于在线监测。当它们越过某一规定界限时不仅仅自动记录和发出信号，还常常被用于直接启动断路器跳闸。目前，还有多项在线监测，如油中溶解气体、转动力矩和噪声、振动等在线监测项目已在部分分接开关上试用，此部分将在本书后续章节中详细描述。

2.2.1 分接开关预防性试验

变压器投入运行后，为了掌握变压器和分接开关运行性能变化状况和发现潜伏性缺陷，必须定期对变压器和分接开关进行试验、检查或监测（带电测量、离线测试和在线监控），也包括取油样或气样进行试验，这种试验称为预防性试验。

表 2-5 中列出了目前变压器和分接开关等进行的绝大部分测试和检查项目。当定期必做的项目发现有异常时，再进行其他有关的试验，以进一步查证是否确有故障，以及尽可能查明故障性质、严重程度及所在部位。变压器和分接开关预防性试验项目大致可分为以下三大类：

表 2-5 　　　　　　　变压器和分接开关交接验收试验项目周期及标准

序号	试验项目	试验周期				测量方式
		运行中	大修后	必要时	其他	
1	油中溶解气体色谱分析	★	▲	●		带电检测
2	绕组直流电阻	1～3 年	▲	●		离线测试
3	绕组绝缘电阻、吸收比或（和）极化指数	1～3 年	▲	●		离线测试
4	绕组的 tanδ	1～3 年	▲	●		离线测试
5	电容型套管的 tanδ 和电容值	1～3 年	▲	●		离线测试
6	绝缘油试验	1～3 年	▲	●		带电检测
7	交流耐压试验	1～5 年	▲	●		离线测试
8	铁芯（有外引接地线的）绝缘	1～3 年	▲	●		离线测试
9	穿心螺栓、夹件、压环等绝缘电阻		▲	●		离线测试
10	油中含水量	★	▲	●		带电检测
11	油中含气量	★	▲			带电检测
12	绕组泄漏电流	1～3 年		●		离线测试
13	绕组所有分接电压比		引线拆装	●	更换绕组	离线测试
14	校核三相变压器的组别或单相变压极性				更换绕组	离线测试
15	空载电流和空载损耗			●		离线测试
16	短路阻抗和负载损耗			●	更换绕组	离线测试
17	局部放电测量		▲	●	更换绕组	离线测试
18	有载调压装置的试验与检查	1 年	▲	●		离线测试
19	测温装置、冷却装置及其二次侧回路	1～3 年	▲	●		带电检测
20	气体继电器及其二次侧回路试验	1～3 年	▲	●		带电检测
21	压力释放器校验			●		带电检测
22	整体密封检查		▲			离线测试
23	冷却装置及其二次侧回路	1～3 年	▲	●		离线测试
24	套管中的电流互感器绝缘试验	1～3 年	▲	●		离线测试
25	全电压下空载合闸				更换绕组	带电检测
26	油中糠醛含量			●		带电检测
27	绝缘纸板聚合度			●		离线测试
28	绝缘纸板含水量			●		离线测试
29	阻抗测量			●		离线测试
30	振动			●		带电检测
31	噪声			●		带电检测
32	油箱表面温度分布			●		带电检测

（1）定期试验。

所谓"定期"是指例行的周期性的试验，或者按制造厂或其他规程标准的规定，运行到满足一定条件时必须进行的试验。根据反馈意见，对试验周期的规定体现了强制性和灵活性，很多项目为"1～3 年或自行规定"，这就是说一般情况下，根据设备运行情况两次试验的间隔可在 1～3 年时间内自定。

（2）大修试验。

为了保证和检验大修质量，在大修中或大修后必须做这些试验检查。这些项目中有些纯属机械方面的检查项目，内容未必已经完全包罗，可按 DL/T 573—2021《变压器检修导则》执行。

（3）检查性试验。

检查性试验见 DL/T 596—2021《电力设备预防性试验规程》。在定期试验发现有异常时，为了进一步查明故障，可进行相应的一些诊断试验或跟踪试验。在周期中注明为"必要时"。预防性试验项目与交接试验项目相比较，有些项目是相同的。为此，在预防性试验项目的介绍中就不再赘述。

2.2.2　分接开关巡视检查

巡视检查包括目视检查、声响检查、气味检查和温度（手感）检查等项目，按检查方式分为日常巡视检查和特殊巡视检查两种。

1. 巡视检查周期

（1）日常巡视检查：

1）发电厂和变电站内的变压器和分接开关，每天至少一次；每星期至少进行一次夜间巡视。

2）在无人值班变电站内，容量为 3150kVA 及以上的变压器和分接开关每 10 天至少检查一次，3150kVA 以下的变压器和分接开关每月至少检查一次。

3）2500kVA 及以下的配电变压器和分接开关，装于室内的每月至少检查一次，装于户外（包括郊区及农村）每季度至少检查一次。

（2）特殊巡视检查：

1）新设备或经过检修、改造的变压器和分接开关在投运 72h 内。

2）变压器和分接开关有严重潜伏性故障时。

3）气象突变（如大风、大雾、大雪、冰雹、寒潮等）或雷雨季节（特别是雷雨后）。

4）高温季节、高峰负载期间。

5）变压器急救负载运行时。

6）特殊巡视检查期内应增加巡视检查次数。

2. 巡视检查项目

（1）外观检查。

变压器和分接开关运行中发生异常时，外表常会发生各种变化，通过外观检查可以发现某些缺陷。

1）变压器防爆筒薄膜或分接开关油室爆破膜（盖）龟裂破损。当变压器和分接开关储油柜的呼吸器发生堵塞，变压器和分接开关不能进行正常的呼吸，会使得变压器储油柜上方空气压力变化或分接开关油室切换气体聚集引起压力上升，导致爆破膜破损，水和潮气进入变压器和分接开关油室内使绝缘受潮。爆破膜破损的主要原因有呼吸器堵塞、外力损伤、人员误碰或自然灾害袭击、内部发生短路故障等。

2）套管表面放电。套管表面放电将导致发热、老化，甚至引起短路或爆炸。引起套管表面放电的主要原因有套管表面脏污，如有灰尘、油泥、金属粉末等脏污物时，天气潮湿就会使表面绝缘强度降低，容易发生闪络事故。同时脏物吸收水分，导电性能增大，使泄漏电流增加引起套管发热，并有可能使套管内部产生裂缝而导致击穿。制造中留下隐伤或安装检修时有轻微碰伤，系统出现内部过电压或大气过电压等也会引起套管表面放电。

3）密封渗漏。密封渗漏是油浸式变压器和分接开关常见的问题，渗漏油部位大多为大盖与本体结合部，安装法兰、放油塞或闸阀接口，气体继电器及套管基座等处。其原因多数为胶垫老化、龟裂等，也有螺丝松动或放油塞或闸阀关闭不严等。对于气体绝缘变压器和分接开关，由于密封不良导致内部压力或气体密度的下降。对于分接开关的电动机构，其箱体应具防水（雨雪）、防尘和防虫蚁的户外 IP 防护等级的要求。此外，设备制造时如有沙眼或焊接质量差，也是造成渗漏的主要原因。

4）户外构件防蚀。为了防止户外金属构件的腐蚀，这些金属构件或紧固件表面都采取电镀或喷漆涂敷等被覆处理，日常巡视时应着重检查其防蚀性能。

（2）颜色与气味检查。

变压器的许多故障都伴随有过热现象，使某些部件局部过热，引起有关部件颜色变化或产生特殊焦臭气味等：

1）线卡处过热。套管与设备卡线连接部位螺丝松动、接触面氧化严重等使接头过热、颜色变暗并失去光泽。接头连接部位温度不宜超过 70℃，检查时可用示温蜡片试验（黄色 60℃、绿色 70℃、红色 80℃），也可用红外测温仪检测。

2）套管污秽严重或有损伤。套管污秽严重或有损伤而发生闪络放电时会产生一种特殊焦臭气味。

3）呼吸器硅胶变色。呼吸器的硅胶一般为变色硅胶或掺有变色硅胶的无色硅胶，其目的是便于运行人员监视。硅胶的作用是吸附进入变压器或分接开关储油柜中的潮气，以免变压器和分接开关内部绝缘受潮。正常情况下变色硅胶应呈浅蓝色，若变为粉红色说明已经失效。硅胶变色过快的原因主要有硅胶罐密封不严，如胶垫龟裂、螺丝松动等，使其很快受潮、变色；硅胶玻璃罩有裂纹或破损；硅胶罐下部油封无油或油位太低，起不到油封的作用，使空气未经油封过滤而直接进入硅胶罐内；长时间阴雨使空气湿度较大。

4）变压器和分接开关气体继电器内部聚集气体。正常情况下，气体继电器内充满变压器油。若气体继电器内有积聚气体，会造成轻瓦斯保护动作，严重时则会造成重瓦斯跳闸。因此，若发现气体继电器内有气体，应鉴别气体的性质。气体继电器积聚气体的特征见表 2-6。

表 2-6 气体继电器积聚气体的特征

气体颜色	特征	气体产生原因	可否继续运行
无色	不易燃、无臭，油闪点不降低，O_2 含量>16%	空气进入	可
	易燃、无臭	内部故障	加强跟踪观察
黄色	不易燃，CO 含量>1%~2%，有焦糊味	固体绝缘过热分解，木质损坏	否
淡灰色	易燃、有强烈焦臭味	绝缘纸或纸板受热损坏	否
灰黑色	易燃、有焦糊味，闪点明显降低，H_2 含量<30%	油过热分解、电弧放电等油质故障	否
白色	不易燃、特殊气味	绝缘击穿、绝缘纸及纸板烧损	否

（3）声响检查。

变压器是静态运行的电力设备，正常运行时，变压器器身会发出轻微连续的"嗡嗡"声，常被称为交流电磁声。产生这种交流电磁声的原因有：励磁电流的工频磁场作用引起硅钢片振动；铁芯的接缝和叠层之间的电磁力作用引起振动；绕组的导线之间或绕组之间的电磁力作用引起振动；连接在变压器上的某些零部件松动或压紧力不够引起的振动。

正常运行中变压器发出的"嗡嗡"声是连续均匀的，如果产生的声音不均匀或有特殊的响声，应视为不正常现象。判断变压器的声音是否正常，可用耳听判别或借助于听音棒等工具进行判别。

（4）温度检查。

变压器的许多故障都会使变压器油温度发生变化，分接开关也是如此。因此，应严格执行巡视检查制度，观察其温度变化情况，判断变压器和分接开关是否有异常。

按照运行规程规定，变压器上层油温最高不超过 95℃，运行中的油温监视一般为 85℃。这是因为电力变压器大部分都采用 A 级绝缘，变压器绕组的极限工作温度为 105℃，运行中绕组温度比油面温度一般约高 10℃。为使绝缘不过早老化，上层油温最高温升不得超过 55K，主要是因为变压器内部的散热能力不能与周围的环境温度同步变化。当气温剧变时，有可能出现上层油温并没有超过允许值，而铁芯和绕组的温度已经很高，以致造成绕组过热、绝缘损坏的现象。

规定监视上层油温和温升最大允许值，是为了便于检查和正确反映绕组内部的真实温度。若在同样条件下，变压器的温度比平时高出 10℃ 以上，或负载不变而温度不断上升，则应判断为变压器内部出现异常。

变压器绕组匝间或相间短路、裸金属过热、铁芯多点接地、涡流增大和分接开关接触严重不良等内部故障都会引起变压器和分接开关的温度异常，可能伴随有瓦斯或差动保护动作，故障严重时还可能出现变压器防爆筒薄膜破裂和分接开关油室爆破盖破裂喷油。新安装或大修后变压器散热器阀门如忘记打开，变压器油不能正常循环散热也会引起温度升高。呼吸器堵塞或油量严重不足将影响其散热效果而导致变压器和分接开关油室温度升高。变压器冷却装置运行不正常或故障停运也将导致温度升高。

（5）油位检查。

变压器和分接开关储油柜的油位表或油位计温度刻度，是标志变压器和分接开关不同油温时的油面标志，根据标志可以判断是否需要加油或放油。运行中变压器和分接开关油室温度的变化会使油体积变化，从而引起油位的上下位移。

油位异常有：变压器和分接开关油室温度变化正常，而变压器和分接开关储油柜上油标管内的油位变化不正常或不变，则是油标管堵塞或呼吸器堵塞或防爆管通气孔堵塞引起的假油位；油面低到一定限度时会造成轻瓦斯保护动作，若为浮子式气体继电器，还会造成重瓦斯跳闸；严重缺油时不仅变压器内部绕组而且分接开关绝缘被暴露，将使其绝缘降低，甚至造成因绝缘散热不良而引起损坏事故，同时分接开关的触头散热不良导致过热性故障。因此，储油柜应配置低油位报警监测装置，防止可能引起的灾难性故障。油位过高而无其他异常时，为防溢油则应放油到适当高度，并注意避免假油位造成误判断。

对于埋入型有载分接开关，其切换机构要埋入变压器的油箱内，需要一个单独的密封油室，防止负载切换中产生的污油与变压器油箱内清洁的油相混。因而，一个有载调压变压器需要变压器和分接开关两个各自独立的油系统。通常变压器储油柜油位比分接开关储油柜油位高，若分接开关处于静止状态下，由于分接开关油室密封不良，两者储油柜之间的油位差造成变压器本体的油向分接开关油室里渗漏，分接开关储油柜的油位会逐渐升高。但是分接开关变换操作时，油室的工作压力会升高 30kPa。在动态压力的作用下，分接开关油室内由于切换电弧产生含有大量乙炔（C_2H_2）的特征气体会渗漏到变压器本体中，并可能导致变压器气体色谱分析的误判。

（6）负载检查。

变压器（包括分接开关）过载分为正常过载和事故过载两种，其根本区别就在于是否损害了变压器和分接开关正常使用期限，是否增加了其绝缘的自然损坏。变压器与分接开关的温度和绝缘材料的寿命之间有一定的关系，负载轻、温度低、绝缘老化较正常速度要慢；若负载较大、温度较高，则绝缘老化较正常速度要快。正常过载的条件是不损害使用寿命，过载的数值不得超过规程规定的要求。事故过载主要是考虑对重要用户不停电，保证人身和设备安全，避免造成不良的影响和经济损失。事故过载时变压器的绝缘寿命要受到影响。

分接开关满足了过载要求，是指分接开关触头在相关级电压下长期承载 1.2 倍最大额定通过电流时，其对油温升限值不超过 20K；过渡电阻器在相关级电压下承载 1.5 倍最大额定通过电流下连续切换半个操作循环，其对油的温升限值不超过 350K。此外，在相关级电压和两倍最大额定通过电流下进行 40 次切换能力试验（开断容量试验），并在最大额定通过电流和相关额定级电压下完成 5 万次操作来检验触头的烧损（工作负载切换试验）。对于电力变压器，级电压是恒定不变的。仅在电力变压器过励磁运行时，级电压略有变化，最大增长幅度为 5%～10%。而特种变压器的级电压随分接开关运行位置的改变而变化。由于变压器负载是经常变化的，分接开关有可能处于过载条件下运行。为了运行安全，应对分接开关运行负载进行定时巡检。

3. 巡视检查内容

安装在发电厂和变电站内的变压器，以及无人值班变电站内有远方监测装置的变压器，应日常监视控制盘上仪表的指示，并抄表记录，及时掌握和巡视变压器运行情况。尤其变压器过载运行时，应加强监视。对于变压器巡视检查内容，相关书籍介绍已较为详细，本章重点介绍分接开关巡视检查内容。加强分接开关的巡视检查，许多事故是可以直接防止和避免的。因此，这是确保分接开关安全可靠运行的行之有效的措施。

（1）分接开关巡视检查项目。

1）分接开关外观巡检：

a）分接开关独立的油系统（储油柜、安全油道、分接开关头部等）密封应良好，外部密封无渗漏。

b）分接开关储油柜油位正确，不应出现油位过低、假油位或油位升高至变压器储油柜的油位水平。

c）分接开关储油柜的油色及吸湿器干燥剂均应正常。

2）分接变换操作过程巡检：

a）有载调压装置及其自动控制装置应保持良好运行状态，控制器或显示器电源指示灯显示正常。

b）分接变换操作时应巡视电压表和电流表指示的变化，电压指示应在规定电压偏差范围内，若电压和电流无变化或回零等情况，严禁进行下一步操作。

c）每次分接变换操作都应检查分接位置指示器及动作计数器的指示正确性。

d）每次分接变换操作都应做好操作时间、分接位置、电压变化情况及累计动作次数的记录。

e）分接变换操作中若发生电动机构连动时，应在显示器上出现第二个分接位置时立即按动紧急电源保护按钮，切断电动机构操作电源。

f）远方电气控制操作时，计数器及分接位置指示正常，而电压表和电流表又无相应变化，应立即切断操作电源，中止操作。

g）分接开关发生拒动、误动；电压表和电流表变化异常；电动机构或传动机械故障；分接位置指示不一致；内部切换异声；过压力的保护装置动作；看不见油位或大量喷漏油及危及分接开关和变压器安全运行的其他异常情况时，应禁止或中止操作。

h）有载调压变压器可按现场运行规程的规定过载运行，但过载1.2倍（或1.5倍）以上时，过流闭锁保护应动作，禁止分接变换操作。

3）3台单相变压器组或并联运行变压器运行巡检：

a）3台单相变压器组或并联运行变压器必须具有可靠的同步操作失步监视保护，在所有分接开关处于同一分接位置时，方可电气联动操作；在分接开关处于不同步时，在发出信号时，闭锁下一个分接变换操作。

b）凡参与电气联动的分接开关，只允许失步一级，不应导致变压器差动保护动作。

c）分接变换操作过程，巡视变压器电流大小的变化和并联变压器负载分配情况，确定其中变压器有无过载状况的发生。

（2）电动机构巡视检查项目：

1）电动机构箱体应密封良好，箱门关闭严密，达到防潮（雨雪）、防尘、防虫要求。

2）电动机构连线接头应牢固，各元器件应完好无损。

3）电动机构箱内部应清洁，润滑油位正常，传动齿轮动作灵活正确，制动可靠。

4）箱内加热器及恒温控制器应完好无损。

5）电动机构逐级控制性能应良好，逐级分接变换可靠，不发生滑档连动。

6）电动机构的分接位置指示应与分接开关一致。

7）电动机构箱内计数器动作正常，及时记录分接变换次数。

8）电动机构箱、垂直与水平传动轴、伞齿轮盒等安装正确，紧固件无松动。

9）电动机构的电气和机械限位装置闭锁正确。

10）电动机构的手动和电动的连锁性能可靠。

11）电动机构的紧急脱扣装置可靠。

12）电动机构电源相序正确。

13）操作过程中电源中断恢复后电动机能重新自动启动。

14）电动机构操作方向指示、分接变换在运行中的指示，紧急断开电源指示，完成分接变换次数指示及就地和遥控工作位置指示均应正确一致。

15）电气回路的绝缘应可靠。

（3）分接开关附件巡视检查项目。

1）控制器或显示器（包括自动电压调整器、智能电动控制器、并联运行控制器和分接位置显示器）：

a）控制分接开关分接位置的控制器或显示器动作程序正确性检查。

b）控制器自动调压功能和安全保护功能正确性检查。

c）控制器或显示器显示的准确性检查。

d）并联运行控制器功能检查。

2）油室安全保护装置（包括保护继电器、过压释放装置、在线净油装置等）：

a）气体继电器（如油流控制继电器、突发压力继电器）巡视检查项目。

b）过压释放装置巡视检查项目，着重巡视分接开关油室的爆破膜（盖）、压力释放阀。

c）在线净油装置巡视检查项目。

2.3　分接开关运维检修技术

同变压器一样，分接开关的检修也经历了事后检修、定期检修和状态检修三个发展阶段。状态检修的实施一定程度上延长了分接开关使用寿命，提高了设备运行可靠性。本节主要介绍分接开关检修工艺及常见故障排除方法。

2.3.1　分接开关检修项目

变压器停电检修的同时，可相应进行分接开关的大、小修。220kV 及以下分接开关可以依据设备状态、地域环境、电网结构等特点，在进行状态评估的基础上酌情延长或缩短，但最长不超过 DL/T 574—2021《变压器分接开关运行维修导则》所推荐周期的上限值。根据分接开关类型及检修情况，其检修项目主要包括以下内容。

（1）有载分接开关大修项目：

1）分接开关芯体吊芯检查（真空熄弧的含真空泡）、维修、调试；

2）分接开关油室的清洗、检漏与维修；

3）头盖、快速机构、伞齿轮、传动轴等检查、清扫、加油与维修；

4）选择器检查，在变压器大修时同时进行；

5）储油柜及其附件的检查与维修；

6）油流控制继电器或气体继电器、过压力继电器、压力释放装置的检查、维修与校验；

7）自动控制装置的检查；

8）储油柜及油室中绝缘油的处理和检测；

9）电动机构各项功能检查；

10）各部位密封检查，渗漏油处理；

11）自动控制回路、电气控制回路的检查、维修与调试；

12）分接开关与电动机构的连接校验与调试；

13）在线滤油装置的检查、维修。

（2）有载分接开关小修项目：

1）机械传动部位与传动齿轮盒的检查与加油；

2）电动机构箱的检查与清扫；

3）各部位的密封检查；

4）油流控制继电器或气体继电器、过压力继电器、压力释放装置的检查；

5）电气控制回路的检查；

6）储油柜及其附件的检查与维修；

7）在线滤油装置的检查、维修。

（3）无励磁开关检修项目：

1）操动机构的检查、维修与调试；

2）开关触头的检查、1 个循环的触头擦洗与测试；

3）绝缘件的检查与维护。

2.3.2 分接开关检修工艺

分接开关检修对环境有一定要求。如条件许可，应尽量安排在检修车间内进行；如需在现场进行，一般应选在无尘土飞扬及其他污染的晴天进行，施工环境清洁，并应有防尘措施，雨雪天或雾天不应在室外进行。周围空气温度不宜低于 0℃，分接开关器身温度不宜低于周围空气温度，不应在空气相对湿度超过 75％的气候条件下进行，如相对湿度大于 75％时，应采取必要措施。

分接开关器身暴露在空气中的时间应符合表 2-7 规定。时间计算由开始放油算起，未注油的油室，由揭盖或打开任一堵塞算起，直至开始注油为止。

表 2-7 分接开关器身暴露在空气中的时间

序号	项目	规定参数		
1	环境温度（℃）	>0	>0	>0
2	空气相对湿度（％）	<65	65～75	75～85
3	器身暴露时间（h）	≤24	≤16	≤10

另外，施工同时应注意与带电设备保持安全距离，准备充足的施工电源及照明，安排好储油容器、大型机具、拆卸附件的放置地点和消防器材的合理布置等。

1. 有载分接开关检修工艺

有载分接开关检修主要包括切换开关（或选择开关）、电动机构箱、分接选择器、自动控制装置和在线净油装置检修等内容，相关部件检修工艺如下。

（1）切换开关或选择开关检修工艺。

1）关闭油室与储油柜之间的阀门，打开油室抽油管上的阀门，降低油室内的油位（放掉约 5kg）至油室顶盖下方，打开顶盖，按说明书的要求，拧出螺钉。

2）小心吊出切换开关或选择开关芯体宜在整定工作位置进行，并逐项进行检查与维修。检修项目如下：①清洗油室：排尽油室内的污油，打开油室至储管路上的阀门，利用储油柜的油冲洗管道及油室内部，再用合格绝缘油冲洗。②清洗切换芯体或选择开关动触头转轴：清除切换芯体或选择开关动触头转轴上的游离碳，然后用合格绝缘油冲洗。③切换开关或选择开关芯体的检查与维修：检查所有的紧固件应无松动；检查快速机构的主弹簧、复位弹簧、爪卡应无变形或断裂；检查各触头编织软连接线应无断股、起毛；检查切换开关或选择开关动、静触头的烧损程度；检查载流触头应无过热及电弧烧伤痕迹，主通断触头、过渡触头烧伤情况符合制造厂要求；检查过渡电阻应无断裂，同时测量直流电阻，其阻值与产品出厂铭牌数据相比，其偏差值不大于±10％；有条件时，测量切换芯体每相单、双数触头与中性引出点间的回路电阻，其阻值应符合要求；检查选择开关槽轮传动机构应完好；检查火花间隙有无放电烧损痕迹，必要时更换；必要时，对真空有载分接开关真空灭弧室进行真空度检测。④必要时应将切换开关或选择开关芯体解体检查、清洗、维修与更换零部件，然后测试动作顺序与测量接触电阻，合格后置于起始工作位置。

3）将切换开关或选择开关芯体吊回油室，复装注油。

4）通过储油柜补充绝缘油至规定油位。

（2）电动机构箱检修。

1）每年清扫1次，清扫检查前先切断操作电源，然后清理箱内尘土。

2）检查机构箱密封与防尘情况。

3）检查电气控制回路各接点接触应良好。

4）检查机械传动部位连接应良好，应有适量的润滑油。

5）使用500～1000V绝缘电阻表测量电气控制和信号回路绝缘，电阻值不小于1MΩ。

6）刹车电磁铁的刹车皮应保持干燥，不可涂油。

7）检查加热器应良好。

8）验收要求手摇及远方电气控制正反两个方向至少操作各1个循环的分接变换。

（3）分接选择器检修。

有载分接开关的分接选择器、转换选择器的检修项目如下：

1）检查分接选择器和转换选择器触头的工作位置。

2）检查分接开关连接导线应正确，绝缘杆应无损伤、变形，紧固件应紧固，连接导线的松紧程度应不使分接选择器受力变形。

3）对带正反调压的分接选择器，检查连接"K"端分接引线在"＋""－"位置上与转换选择器的动触头支架（绝缘杆）的间隙不小于10mm。

4）检查分接选择器与切换开关的6根连接导线及其绝缘距离与紧固情况，紧固件紧固，连接导线正确完好，无绝缘层破损，并与油室底部法兰的金属构件间应有10mm的间隙。

5）检查级进槽轮传动机构应完好。

6）手摇操作分接选择器1→N和N→1方向分接变换，逐档检查分接选择器触头分合动作和啮合情况，触头接触应符合要求。

7）检查分接选择器和转换选择器动、静触头应无烧伤痕迹与变形。

8）检查切换油室底部放油螺栓应紧固。

组合式有载分接开关的分接选择器、转换选择器的检查与维修仅在变压器大修时或必要时进行。

（4）自动控制装置检修。

清扫灰尘，进行功能检查、核对动作整定值应符合要求，测量接线端子绝缘完好。

（5）在线净油装置检修。

在线净油装置的检修项目如下：

1）外观检查：接地装置可靠，金属部件无锈蚀，承压部件无变形，各部位无渗油。

2）缺相试验：电源缺相时滤油装置应退出运行并发信。

3）油路堵塞试验：油路堵塞时，净油装置应能够显示压力异常，并能够抑制压力上升或退出运行，连接部位无渗漏油。

4）绝缘电阻测试：使用 500～1000V 绝缘电阻表测量电气回路绝缘，电阻值不小于 1MΩ。

5）在线净油装置的检修、更换滤芯和部件可在不停电状况下进行。检修完毕后要在滤油机内部进行循环、补油、放气，投入运行时应短时退出有载分接开关油流控制继电器（或气体继电器）的跳闸压板，并将有载分接开关控制方式转换到"就地"，滤油 30min 无异常后恢复。投运 24h 后分别从滤芯进出油口取样进行微水、耐压测试，比较在线净油装置使用效果。

6）装有在线净油装置的变压器有载分接开关油的耐压、含水量测试取样一律从滤油机管路上的取样阀抽取。

7）在线净油装置故障及滤芯失效应及时处理。

2. OCTC 检修工艺

OCTC 检修工艺应符合表 2-8 的规定。

表 2-8　　　　　　　　　　　OCTC 检修工艺要求

序号	部位	检修内容	检修方法	工艺质量要求
1	操作机构	拆卸	常用工具	应先将开关调整到极限位置，安装法兰应做定位标记，三相联动的传动机构拆卸前也应做定位标记
		灵活性	目测	1）松开上方头部定位螺栓，转动操作手柄应灵活无卡涩，若转动不灵活应进一步检查卡涩的原因； 2）检修时应添加或更换齿轮箱润滑油
		密封性		转动轴密封良好无渗漏油现象，如有渗漏油现象应适当调整压紧螺母，仍无效则更换密封垫
		指示		检修前应调整到极限位置，解开传动连接应做好标记，分接实际位置应与指示位置一致，否则应进行调整
		定位、限位、联动的一致性		1）逐级手摇时检查定位螺栓应处在正确位置； 2）极限位置的限位应准确有效； 3）三相联动指示和各相实际动作一致
2	开关	完整性	目测	应齐全、完整，所有紧固件均应拧紧、锁住，无松动
3	触头	表面	目测	1）触头表面应光洁，无氧化变色、镀层脱落及碰伤痕迹，弹簧无松动； 2）擦拭清除氧化膜； 3）触头如有严重烧损时应更换
		接触电阻	测量	动、静触头间接触电阻应符合产品要求
		压力试验	塞尺	触头接触压力均匀、接触严密，或用 0.02mm 塞尺检查应插不进
		触头分接线	目测	所有紧固件、分接线应连接牢固，无放电、过热、烧损、松动现象，发现松动应拧紧、锁住

序号	部位	检修内容	检修方法	工艺质量要求
4	绝缘件	完整性和清洁	目测	1) 绝缘件、绝缘筒和支架应完好，无受潮、破损、剥离开裂或变形、放电，表面清洁无油垢；发现表面脏污应用无绒毛的白布擦拭干净，绝缘筒如有严重剥裂变形时应更换； 2) 操作杆绝缘良好，无弯曲变形，铆接无松动，拆下后，应做好防潮、防尘措施保管。宜浸入合格绝缘油中； 3) 绝缘操作杆U型拨叉应保持良好接触，如有接触不良或放电痕迹应加装弹簧片，确保拨叉无悬浮状态
5	操作机构	复装	常用工具	1) 先检查密封面应平整无划痕，无漆膜，无锈蚀，更换密封垫； 2) 对准原标记，拆装前后指示位置应一致，各相手柄及传动机构不得互换； 3) 密封垫圈入槽、位置正确，压缩均匀，法兰面啮合良好无渗漏油； 4) 调试应在注油前和套管安装前进行，应逐级手动操作，操作灵活无卡涩，观察和通过测量确认定位正确、指示正确、限位正确； 5) 操作3个循环，擦洗触头表面

2.3.3 分接开关常见故障及排除方法

根据分接开关类型不同，OLTC及OCTC的常见故障及其排除方法如表2-9及表2-10所示。

表2-9   OLTC常见故障及其排除方法

序号	故障特征	故障原因	检查与排除方法
1	联动或联动保护动作	交流接触器剩磁或油污造成失电延时，顺序开关故障或交流接触器动作配合不当	检查交流接触器失电应无延时返回或卡涩，顺序开关触点动作顺序应正确。清除交流接触器铁芯油污，必要时予以更换。调整顺序开关顺序或改进电气控制回路，确保逐级控制分接变换
2	手摇操作正常，而就地电动操作拒动	无操作电源或电动机控制回路故障，如手摇机构中弹簧片未复位，造成闭锁开关触点未接通	检查操作电源和电动机控制回路的正确性，消除故障后进行整组联动试验
3	电动操作机构动作过程中，空气开关跳闸	顺序开关组安装移位或连动保护动作	用灯光法分别检查S11~S13（1→N）与S12~S13（N→1）的分合程序，调整安装位置
4	电动机构仅能一个方向分接变换	限位机构未复位	用手拨动限位机构，滑动接触处加少量油脂润滑
5	有载分接开关无法控制操作方向	电动机电容器回路断线、接触不良或电容器故障	检查电动机电容器回路，并处理接触不良、断线或更换电容器
6	远方控制拒动，而就地电动操作正常	远方控制回路故障	检查远方控制回路的正确性，消除故障后进行整组联动试验

序号	故障特征	故障原因	检查与排除方法
7	远方控制和就地电动或手动操作时，电动机构动作，控制回路与电动机构分接位置指示正常一致，而电压表、电流表均无相应变动	有载分接开关拒动、有载分接开关与电动机构连接脱落，如垂直或水平转动连接销脱落	检查有载分接开关位置与电动机构指示位置一致后，重新连接然后做连接校验
8	箱体进水，腐蚀机械构件和电气元件	箱体密封不良，箱盖扣紧铰链机构不合理	检查箱盖和箱体结合面应平行和平整，密封条应有足够弹性，调整箱盖和箱体结合面的啮合程度，必要时更换密封条
9	切换开关切换时间延长或不切换	储能弹簧、拉簧疲劳，拉力减弱、断裂或机械卡死	更换储能弹簧或拉簧，检修传动机械
10	有载分接开关与电动机构分接位置不一致	有载分接开关与电动机构连接错误	查明原因并进行连接校验
11	断轴	有载分接开关与电动机构连接错位；分接选择器严重变形	1) 检查分接选择器受力变形原因，予以处理或更换转轴； 2) 进行整定工作位置的判断，并进行连接校验
12	分接选择器或选择开关静触头支架弯曲变形造成变压器绕组直流电阻超标，分接变换拒动或内部放电等	分接选择器或选择开关绝缘支架材质不良，分接引线对其受力及安装垂直度不符合要求	1) 更换静触头绝缘支架，纠正分接引线不应使分接开关受力； 2) 开关安装应垂直呈自由状态
13	连同变压器绕组测量直流电阻时呈不稳定状态	运行中长期不动作或长期无电流通过的静触点接触面形成一层膜或油污等造成接触不良	每年结合变压器小修，进行 3 个循环的分接变换
14	切换开关吊芯复装后，测量连同变压器绕组直流电阻，发现在转换选择器不变的情况下，相邻二分接位置直流电阻值相同或为两个级差电阻值	切换开关拨臂与拐臂错位，不能同步动作，造成切换开关拒动，仅选择开关动作	1) 重新吊装切换开关，将拨臂与拐臂置于同一方向，使拨臂在拐臂凹处就位； 2) 手摇操作，观察切换开关左右两个方向均可切换动作，然后注油复装，并测量连同变压器绕组直流电阻值，以复核安装的正确性
15	储能机构失灵	有载分接开关干燥后无油操作；异物落入切换开关芯体内；误拨枪机使机构处于脱扣状态	1) 严禁干燥后无油操作； 2) 排除异物
16	运行中气体继电器频繁发信动作	吸湿器堵塞、气体继电器安装管路水平倾斜角不符合安装要求、油室内存在局部放电源，造成气体不断积累	1) 检查油耐压是否小与有载开关运行中油质要求； 2) 检查吸湿器呼吸应通畅； 3) 气体继电器安装管路水平倾斜角＞2%； 4) 吊芯检查触头接触压力不应偏小，无悬浮电位放电，连线或限流电阻是否断裂、接触不良而造成经常性的局部放电。应及时消除悬浮电位放电及其不正常局部放电源
17	切换开关动触头的 Y 形臂中性线对主触头之间放电，造成变压器二分接间短路故障	切换开关 Y 形臂中性线为多股裸软线，易松散并落在切换开关相间分接接头间，在级电压下易击穿放电	切换开关 Y 形臂中性线加包绝缘

序号	故障特征	故障原因	检查与排除方法
18	有载分接开关有局部放电或爬电痕迹	紧固件或电极有尖端放电；紧固件松动或悬浮电位放电	排除尖端，加固紧固件，消除悬浮放电
19	有载分接开关储油柜油位异常升高	如调整储油柜油位后，仍继续出现类似故障现象，应判断为油室密封缺陷，造成油室中油与变压器本体油互相渗漏；油室内放油螺栓未拧紧，亦会造成渗漏油	有载分接开关揭盖寻找渗漏点，如无渗漏油，则应吊出芯体，抽尽油室中绝缘油，在变压器本体油枕压力下观察油室内壁，检查分接引线螺栓及转轴密封等处应无渗漏油。然后，更换密封件或进行密封处理。有放气孔或放油螺栓的应紧固螺栓或更换密封圈
20	变压器本体内绝缘油的色谱分析中氢、乙炔和总烃含量异常超注意值	对变压器本体绝缘油进行色谱跟踪分析，比较本体绝缘油和切换开关油室的油中溶解气体含量，分析 C_2H_2/H_2 气体比值（参照 DL/T 722）；或停止分接变换操作，对本体绝缘油进行色谱跟踪分析，如溶解气体含量与产气率呈下降趋势，则判断为油室的绝缘油渗漏到变压器本体中	有载分接开关揭盖寻找渗漏点，如无渗漏油，则应吊出芯体，抽尽油室中绝缘油，在变压器本体储油柜压力下观察油室内壁，检查分接引线螺栓及转轴密封等处应无渗漏油。然后，更换密封件或进行密封处理。有放气孔或放油螺栓的应紧固螺栓或更换密封圈
21	油浸式真空有载分接开关绝缘油色谱分析乙炔含量超注意值	管道中残留；过渡电阻等过热造成油裂解；真空灭弧室失效；触头火花放电导致	缩短色谱跟踪分析周期，若无明显增长趋势，且判断为非真空灭弧室失效原因导致，可结合小修查找具体原因；若有明显增长趋势，应停止分接变换，并与制造厂联系进一步处理
22	SF$_6$ 真空有载分接开关气体组分异常、水分超注意值	内部故障导致的气体组分异常；密封不良或 SF$_6$ 水分超标	查明原因
23	SF$_6$ 真空有载分接开关气体密度继电器不符合 SF$_6$ 气体温度－压力曲线或低气压动作	气体泄漏导致保护继电器示值不符合 SF$_6$ 气体温度－压力曲线；气体泄漏导致保护继电器低气压动作；密度继电器故障	查找泄漏点或密度继电器故障原因

注 1~9 项为电动机构异常。

表 2-10   OCTC 常见故障及其排除方法

序号	故障特征	故障原因	检查与排除方法
1	触头过热	触头（弹簧）压力不足，接触不良	1）塞尺检查，测量接触电阻，检查触头有无过热色斑；2）调整触头接触压力，更换触头弹簧
		引出线连接（或焊接）不良	重新焊接
2	电压比不符合规律	分接位置乱档	操动机构和无励磁开关的连接，重新连接并进行连接校验
		分接引线接错	脱开无励磁开关测量变压器分接引线，确定分接引线序号后重新连接
		触头严重接触不良	检查触头接触情况

序号	故障特征	故障原因	检查与排除方法
3	局部放电量超标,发生绝缘故障	绝缘件劣化,绝缘件介质损耗偏高	更换绝缘件
		紧固件松动,电极尖端放电	紧固、打磨处理,增加均压装置
		过电压	分析过电压情况和提出对策,落实对策
4	离合器或轴的变形与剪断	零部件机械强度和机械刚度不足,操作力矩增大	分析操作力矩增大原因,消除卡涩,更换操动机构或传动轴
5	超越终端,造成分接位置错位	一般开关本体不设限位装置,仅在操动机构上设置限位,操动机构限位失灵或安装错位	操动机构限位,操动机构和开关对应情况,确保操动机构限位正确有效,重新连接并进行连接校验
6	触头烧坏,开关内部放电或开关烧毁	触头接触不良甚至未接触	更换损坏部件,调整触头位置
		操动机构指示档位与开关本体实际分接位置不一致,操动机构上的定位件未定位	检查操动机构调档应灵活,转动到指定档位时,操动机构上的定位件应在自由状态下定位
		操动错误,操作机构不到位	测量变压器绕组的直流电阻,判断变压器绕组应无损坏,变压器绕组完好可更换分接开关
		操动机构已经到位,触头合不到位	机构和开关连接应正确,重新连接并进行连接校验
		开关机构的刚性不够或动触头变形	检查机构和触头,更换
7	触头接触电阻超标	长期不变换分接位置,触头上存在氧化膜、油膜	进行5个循环以上分接变换操作后再次测量
8	开关无法转动	操动机构机械卡死	打开操动机构检查并处理
		绝缘操作杆未插入开关主轴,而是插入绝缘筒	1)拆下无励磁开关操动机构法兰与变压器油箱上部开关固定法兰螺栓; 2)提升与绝缘操作杆相连的操动机构将绝缘操作杆下部的连接头的槽口对准分接开关本体主轴的定位横销,并与主轴对接; 3)紧固无励磁开关操作机构法兰与变压器油箱上部开关固定法兰螺栓; 4)转动操动机构的手柄; 5)测量连同变压器绕组直流电阻值应与开关指示盘上指示的档位相对应
9	档位变动电阻值不变,且机构转动力矩很小	绝缘操作杆槽口未插入开关本体主轴或操作杆断裂	检查转动操动机构有无调档手感,若无调档手感,便可判断绝缘操作杆槽口未插入开关本体主轴。处理方法同"绝缘操作杆未插入开关主轴,而是插入绝缘筒"
10	电阻值有时很大甚至不通,轻轻转动机构后有时正常	开关安装时机构与本体间配合不到位	让机构的定位装置往两个方向运动,再测试电阻,结果某一方向上电阻比定位位置电阻更小,重新安装、调试机构

第 3 章

分接开关典型故障及失效原因分析

有载分接开关是变压器完成调压的核心部件，也是变压器中唯一频繁操作的电气部件。随着调压次数的增多，其故障率也相应增加。分接开关不同部位、不同类型的故障，会导致分接开关的整体及各部位状态和运行参数的不同变化，其故障影响也不尽相同。本章梳理了分接开关的故障分类方式及故障特征，针对分接开关本体故障、开关控制回路故障、机械传动故障、非电量保护故障及渗漏油故障，收集整理了相关故障案例，并对故障原因进行分析，可为分接开关故障诊断提供参考。

3.1 分接开关故障概述

3.1.1 分接开关故障分类

分接开关故障类型多样，故障类别划分方式较多，可对故障类型按故障位置或部位、故障性质等划分。

（1）按故障位置划分，可分为内部故障和外部故障两大类。

1）内部故障：埋入在变压器油箱内或外置于变压器一侧独立油箱内的分接开关本体发生的各种故障，它包括切换开关（或选择开关）和分接选择器的故障。

2）外部故障：安装在变压器油箱外部的电动机构、传动轴、伞齿轮箱和附件（如自动控制器、位置显示器、气体继电器、滤油器）发生的各种故障。

（2）按性能划分，可分为机械（性能）故障和电气（性能）故障两大类。

1）机械故障：分接开关机械构件功能失效引起的故障。

2）电气故障：分接开关电气构件性能变劣或机械故障引发的电气性能故障。

（3）按故障模式划分，可分为过热故障、放电故障和环境故障三大类。

1）过热故障：触头接触电阻异常增大、过载电流或散热不佳引发的过热故障，可细分为低温过热（$T<300℃$）、中温过热（$300℃<T<700℃$）、高温过热（$T>700℃$）三类。

2）放电故障：放电故障方式细分为三类：①气隙放电和中低场强的电场零件不同电位或电位悬浮引发的断续微电流跳络的局部放电；②电场屏蔽件丢失、各零件不同电位或电位悬浮、转换选择器操作产生的容性放电等间歇性低能量火花放电；③绝缘介质劣化、过电压、导电回路断线、分接选择器或无励磁分接开关切断电流及切换失败引发高能量电弧放电。

3）环境故障：由于自然环境或外力（雷电或操作过电压、外部短路、自然灾害、运输碰撞或冲击、雨水浸入油室或气室）造成的分接开关故障。

（4）按回路划分，可分为电路故障、磁路故障和油路故障三大类。

1）电路故障：导电回路引发的故障。

2）磁路故障：铁芯绝缘、铁芯多点接地或环流引发的故障。

3）油路故障：油循环散热不佳引发的热故障。

（5）按结构部位划分，可分为绝缘故障、渗漏故障、切换开关（或选择开关）故障、分接选择器故障和电动机构等故障。

1）绝缘故障：固体绝缘老化、绝缘油劣化、温湿度和过电压引发绝缘闪络。

2）渗漏故障：密封零部件材质不良或制造缺陷所引起的渗漏。

3）切换开关（或选择开关）故障：切换开关本体或选择开关本体（快速机构、触头切换机构、过渡电阻等）和油室功能失效引发故障。

4）分接选择器故障：转换选择器、细选择器的级进传动机构卡涩和触头选择不到位等引发的故障。

5）电动机构故障：传动分接开关变换操作和分接位置控制的故障。

（6）按配置附件故障划分，可分为安全保护故障、附件功能故障和在线净油故障三类。

1）安全保护故障：气体继电器、压力释放装置、差动继电保护功能故障和误动故障。

2）附件功能故障：分接位置显示器、自动电压调整器等功能故障。

3）在线净油故障：滤油器的滤油功能故障。

（7）按故障发展趋势划分，可分为突发性故障和潜伏性故障两类。

1）突发性故障：起因来自外部，不可预测或突发性的故障，如雷击、外部短路、自然灾害、运输碰撞和冲击等因素。

2）潜伏性故障：变压器磁路缺陷、绝缘受潮、绝缘老化、局部放电、机械构件疲劳缺陷和分接开关触头低温过热等潜伏性故障，故障呈缓慢发展趋势，不影响设备继续运行，但须加强监视潜伏性故障的发展态势。

3.1.2 分接开关故障特征

根据变压器运行统计数据，基于上述分接开关故障分类方式，不同故障类型的故障特征及分布概率存在一定差异。结合运行统计及文献调研数据，下面针对故障部位、性能故障及故障模式三种分类方式，简要介绍其相关故障特性。

1. 分接开关故障部位分布特征

按故障部位细分，分接开关故障部位主要包括电动机构、开关本体（包括切换开关或选择开关、分接选择器和无励磁分接开关等）和控制装置（附件），其相应故障特征如表 3-1 所示。

表 3-1　　　　　　　　　　　分接开关故障部位、特征及概率

序号	故障部位		主要故障特征	故障概率
1	电动机构		① 接触器与中间继电器的剩磁、凸轮微动开关卡涩和安装位置移位、刹车失灵等造成电动机构滑档； ② 电动机构箱体密封不良、箱盖扣紧铰链结构不合理造成进水、腐蚀机械构件和电气元件； ③ 早期齿轮传动盒密封不良、润滑油渗漏，污染箱内的电气元件； ④ 终端限位机构动作卡涩或电气限位开关卡涩，电动机构仅能一个方向分接变换操作； ⑤ 手动操作与电气操作的联锁失误，手动操作安全性欠保障； ⑥ 分接开关的分接位置指示、电动机构远方分接位置指示与就地分接位置指示三者不一致； ⑦ 分接变换操作次数不准确； ⑧ 箱体外的传动构件和标准紧固件锈蚀	70%～75%
2	开关本体	切换开关或选择开关	① 紧固件措施不恰当、机构的振动造成松动； ② 油室渗漏油，储油柜油位异常升高，变压器本体乙炔含量上升； ③ 快速机构与触头机构变形、过度磨损、卡涩引起切换故障或失败； ④ 触头支撑件变形，触头压力不足、接触不良造成触头的过热； ⑤ 过渡电阻桥接时间过长、断线、烧毁； ⑥ 异常过电流造成严重过热、触头切换失败、短路电动力的破坏； ⑦ 异常过电压、油的劣化、绝缘材质不良造成绝缘闪络	5%～12%
		分接选择器	① 安装连接错位，分接选择器堵转引发开关断轴事故； ② 刚性不足，引线拉力使笼式变形，触头合不到位，接触不良过热； ③ 槽轮机构卡涩，转矩急增，损坏其他构件，引发二次电气故障； ④ 异常电压引发选择器内部绝缘闪络	3%～10%
		无励磁分接开关	① 触头压力不足、接触不良、引出线连接不良过热； ② 分接位置易乱档，分接引线易接错，电压比不成规律； ③ 绝缘间距不够，易发绝缘故障，局部放电量常超标； ④ 操作不到位导致放电故障	开关 80% 机构 20%
3	控制装置（附件）		自动电压控制器、分接位置显示器、并联运行控制器、多柱式分接开关连动控制、气体继电器、压力释放阀、滤油器等使用故障	3%～8%

2. 分接开关性能故障分布特征

按性能故障划分，分接开关故障可分为机械故障和电气故障两类，故障特征如表 3-2 所示。

表 3-2		分接开关故障部位、特征及概率	
序号	故障部位	主要故障特征	故障概率
1	机械故障	紧固件松脱、异常机械磨损、机械强度与刚度不足，材料不良与疲劳损坏、异常转矩与运动卡涩、油室密封不良、运输振动与冲击等机械故障	70%～90%
2	电气故障	异常过电压、绝缘油劣化、绝缘材料不良引起绝缘破坏，外部短路、触头接触不良引起局部过热与放电、导电回路断线、切换迟滞与失败引起电弧放电	10%～30%

3. 分接开关故障模式分布特征

按故障模式划分，分接开关故障可分为过热故障、放电故障及环境故障（含机械故障）三类，其故障特征如表 3-3 所示。

表 3-3		分接开关故障部位、特征及概率	
序号	故障部位	主要故障特征	故障概率
1	过热故障	触头异常磨损或接触不良而产生的局部过热，严重时可使触头软化变形、连接线熔断；局部过热使触头附近的固体绝缘劣化和变压器油分解，绝缘强度下降，产生局部放电	20%～30%
2	放电故障	① 分接开关触头接触不良或绝缘材料缺陷等使得电场分布不均，产生局部放电；② 机械故障引起的放电故障	45%～55%
3	环境故障	① 雷电过电压或操作过电压使分接开关原来的微小缺陷处产生局部放电及局部过热；② 变压器外部短路时，过电流造成触头严重过热或触头间电弧放电，或者造成导电构件严重的机械变形；③ 外界水分通过密封不良处侵入分接开关内部，造成绝缘受潮；外界高温、热辐射加速内部绝缘材料的分解劣化。两者加剧分接开关局部放电；④ 外力（如地震、运输碰撞或冲击）可能会直接导致分接开关机械损坏、缺陷而使分接开关烧毁等故障	20%～30%

3.2 分接开关本体故障

分接开关本体故障以内部局部放电异常及油室渗漏油最为常见，其中开关触头松动、变形及杂质异物等均能引发分接开关局部放电，渗漏油则以密封装置紧固不到位、密封失效等原因最为常见。

3.2.1 分接开关本体局部放电故障案例分析

1. 极性选择开关触头松动导致的内部放电异常

案例 1：某 220kV 变电站主变压器分接开关极性开关静触头接触不良

【故障描述】某 220kV 变电站主变压器运行期间，油色谱在线监测结果显示总烃达到 254.8μL/L，较 3 个月前增长 27.4%，增长率为 9.1%/月。随后开展油色谱离线检测，总烃达到 290.4μL/L，对比去年同期检测总烃结果 206.3μL/L，相对增长率为 40.77%。随后在 14 天及 21 天油色谱检测中，总烃含量分别为 290.4μL/L 和 327.8μL/L，增长较快。

【原因分析】为判断该主变压器总烃异常上升的原因，采取化学试验与电气试验相结合的方法，初步判断故障部位可能是极性开关。根据初步判定结果与后期追踪结果，故障部位准确定位在有载分接开关的极性开关处。在分接开关解体检查中，检修人员发现有载分接开关的极性开关选择器的静触头上下均有发黑迹象，并且触头有轻微松动，如图 3-1 所示。经专家分析认为，总烃异常增长、直流电阻不平衡是由极性开关静触头接触不良，引起局部发热造成的。

图 3-1 极性开关选择器触头发黑

【整改措施及建议】①为防止类似故障再次发生，应利用停电检修机会，检查该主变压器极性开关的所有触头，螺丝全部进行紧固。②建议未来发现主变压器油色谱分析异常时，结合停电开展相关诊断性试验；当各方面电气试验均合格时，应加强主变压器色谱追踪，在追踪过程中，应多次调整变压器极性开关位置，用以观测色谱数据，防止极性开关接触不良对主变压器本体造成不良影响。

2. 驱动轴断裂导致的内部放电异常

案例 2：某换流站换流变压器分接开关驱动轴断裂

【故障描述】某换流站换流变压器分接开关在档位由 18 档调至 19 档动作完成后发生故障，分接开关顶盖撕裂崩飞、起火。故障前，该换流变压器分接开关在 3h 内调节了 100 余次。故障后换流变压器大差保护、角差保护动作，换流变压器本体重瓦斯动作。

【原因分析】经检查分析，故障原因为：分接开关主驱动轴在正常调档过程中断裂（见图 3-2），导致分接选择器触头拉弧、调压引线对地短路，最终导致开关油室爆炸起火。

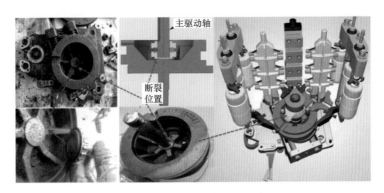

图 3-2 分接开关故障位置示意图

分析认为，分接开关在18～19档动作过程中主驱动轴发生断裂，导致开关时序错乱，产生约900A的环流，分接开关从19～20档切换时分接选择器H臂动触头离开$2'$触头时带电流拉弧，电弧扩散导致$2'$和$3'$触头拉弧短路，$3'$和$4'$触头短路，继而引发故障。故障分析与故障解体现象吻合，故障原理如图3-3所示。

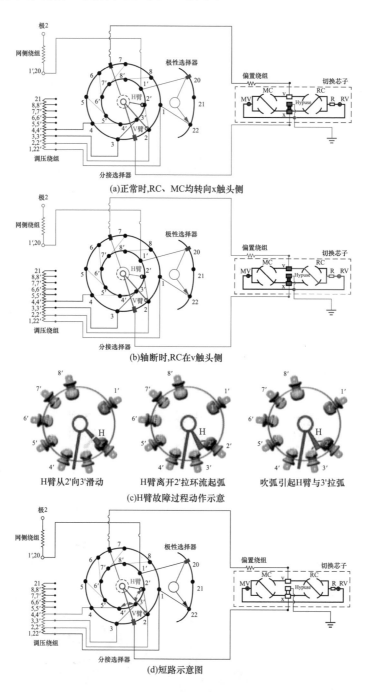

图3-3 换流变压器分接开关故障原理示意图

【整改措施及建议】①整体更换切换开关，新切换开关主驱动轴材质由球墨铸铁改为合金钢；②更换真空开关油室顶盖，将原有铝制顶盖替换为加厚钢制顶盖；③更换真空开关压力释放阀，整定值由175kPa修改为125kPa；④更换分接开关压力继电器，整定值由150kPa修改为100kPa；⑤修改分接开关温度计整定值，在分接开关操作机构箱内将温度报警值由125℃修改为110℃，跳闸值由135℃修改为125℃。

3. 凸轮断裂导致的内部放电异常

案例3：某换流站换流变压器分接开关凸轮断裂

【故障描述】某换流站换流变压器温升试验过程中，通过网侧加压，开关位于27分接，预加电流1410A，当加至1395A约30s后发现变压器顶部开关部位产生大量白雾，试验人员迅速降压停电检查，发现开关头盖过热，温度超过150℃（设备最大量程），油室内有沸水声异响。当天及次日先后两次从本体及开关处取油样，油样结果显示开关油室中产生乙炔。

【原因分析】对开关进行吊芯检查，发现问题如下：①开关油室内变压器油有焦糊刺激性气味且颜色浑浊。②开关过渡电阻支架出现融化，其他多处塑性材料均出现融化现象，如图3-4(a)所示。③开关凸轮（环氧酚醛材质）表面出现白色斑点且有一件凸轮断裂，如图3-4(b)及3-4(c)所示。④筒壁（环氧酚醛材质）表面同样出现白色斑点，筒壁表面明显粗糙。⑤真空泡两处联动机构线位错误，如图3-4(d)所示。⑥开关自连线螺栓垫圈及碟簧有松动现象。

(a)过渡电阻支架融合

(b)凸轮表面斑点

(c)凸轮断裂

(d)联动机构错误线位

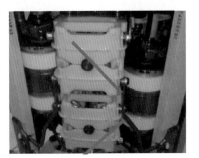
(e)联动机构正确线位

图3-4　分接开关故障示意图

通过查看开关损坏情况，分析故障原因为：凸轮断裂导致摆臂不能将过渡电阻电流脱开，施加的 1395A 电流通过了过渡电阻，导致开关芯子迅速发热。

【整改措施及建议】由于开关内芯及筒壁均有不同程度损伤，需进行更换开关（包括开关内芯、头盖、齿轮盒、传动机构）、总装、热油循环、静放后复核试验处理。

4. 零部件形变导致的内部放电异常

案例 4：某 220kV 变电站 2 号主变压器分接开关静触头固定条变形

【故障描述】某 220kV 变电站 2 号主变压器计划停电 8 天，检修人员结合主变压器停电安排了变压器消缺及本体喷漆等任务。检修过程中，发现主变压器油中乙炔达到 $9.5\mu L/L$。该主变压器已运行 22 年，历年高压试验及油色谱分析未发现异常。根据本次油中各组分含量及其变化情况，初步判断为裸金属放电。

【原因分析】现场进行直流电阻试验，发现高压 B 相 17 分接直流电阻偏差达到 149.8%。根据对该主变压器变异常情况的判断，对变压器进行了局部放电试验和耐压试验。在高压感应耐压施加电压过程中，试验人员听到变压器内部有放电声响，声响部位集中在有载分接开关附近。结合解体检查情况，分接开关静触头固定条形板变形是造成 B 相动静触头虚接放电、触头烧损的主要原因。此变压器有载分接开关选择器静触头固定在条形板上，条形板上、下两端固定。当条形板向外变形后中间部位静触头与动触头距离最大。因此，A、C 相动静触子可能处于不完全接触状态，而处于中间位置的 B 相可能完全虚接。发现异常前，变压器处于 7 分接位置，怀疑运行中调整分接头时经过 9 位置时，由于 B 相动静触子的虚接产生了电弧放电，将触子烧损后，开关继续动作，调整到 7 分接位置，继续运行。

【整改措施及建议】该类型有载分接开关存在设计缺陷，有载分接开关选择器的静触头固定在条形板上，采用条形板上、下两端固定时，如果条形板过长，随着运行时间增长，条形板中间部位向外变形，将可能发生静触头与动触头不完全接触的情况。故建议：①该型号分接开关多年前已进行改进，在条形板的中部加装了一个固定环，确保在各触头受力时条形板不会向外变形，建议更换该有载分接开关的选择器；②对原变压器进行技术改造，保留原铁芯和有载分接开关，更换其余材料、组部件。

案例 5：某 220kV 变电站 2 号主变压器分接开关极性开关动触头变形

【故障描述】检修人员对某 220kV 变电站进行例行检查中，发现某主变压器油中乙炔含量为 $0.85\mu L/L$，该主变压器以往历次数据中均未发现乙炔。根据该主变压器运行经历及近年来多台主变压器运行中暴露出的症状，经综合分析认为：该主变压器内部绕组、铁芯等部位有发热点。为彻底找到故障点，检修人员对该主变压器开展内部检查，发现有载分接开关选择器有疑似发热迹象。

【原因分析】经过对有载分接开关进行解体检查后发现，有载分接开关选择器换极开关的公用接头有严重过热和放电痕迹。同时进一步发现有载分接开关选择器换极开关动触头存在严重变形的缺陷。现场模拟试验分析表明，由于主变压器有载分接开关的极性触头变形，由原来的线接触变为点接触。在有载分接开关切换动作过程中，一个触头接触良好，另一个触头似接非接，产生火花放电。同时由于接触面变小，触头通过运行电流时，过度发热，局部温度高达 800℃ 以上，导致变压器油中有乙炔析出。故障部件照片如图3-5所示。

图 3-5　主变压器分接开关动触头变形

【整改措施及建议】此次故障为分接开关组部件质量问题导致的主变压器故障。故建议：①建议对分接开关组部件进行更换处理；②与厂家沟通联系，加强货物在运输中的过程管理，验收设备时认真排查设备隐患，从源头杜绝不合格产品；③加强对设备试验检查工作，及时发现并排除运行过程中的设备隐患。

5. 杂质或异物残留导致的内部放电异常

案例 6：某 220kV 变电站 2 号主变压器分接开关杂质残留

【故障描述】某 220kV 变电站 2 号主变压器由备用转运行，合上主一次开关变压器带电后 15s，主变压器重瓦斯动作、差动保护动作，轻瓦斯信号报警，主一次开关跳闸，变压器停运。当日，现场进行了变压器变比、直流电阻、介质损耗、耐压及绕组变形试验，未见异常，局部放电试验发现 C 相中压绕组放电量超标，油色谱显示油中乙炔含量为 $20.18\mu L/L$。

【原因分析】现场放油检查发现 C 相调压绕组变形、有载分接开关 7 档位处导电环对传动杆有放电痕迹。返厂解体检查，发现情况如图 3-6 和图 3-7 所示。

(a)C相调压绕组变形　　　　　　　　　(b)分接开关放电痕迹

图 3-6　主变压器绕组变形及分接开关放电

（1）主变压器调压绕组、中压绕组严重变形。

（2）有载分接开关选择器 C 相在 2、3 位之间、与地电位之间放电。

图 3-7　绕组变形严重　　　　　　　　图 3-8　选择器放电情况

（3）有载分接开关选择器静触头表面普遍变黑，选择开关下部固定环和下油箱上有黑色物质，如图 3-9 所示。

图 3-9　选择开关下部固定环和
下油箱上的黑色物质

综合以上现场检查情况和返厂解体情况，分析故障原因如下：

1）经对触子表面的黑色附着物进行 X 射线荧光能谱仪分析，得知该黑色固体粉末主要含有金属银（Ag）和非金属硫（S）。黑色固体粉末中主要成分为 S 和 Ag 元素，并有少量的铁（Fe）和铜（Cu）存在；从 Ag 和 S 的质量百分比看，其成分与硫化银（Ag_2S）较为接近，推断黑色粉末主要为 Ag_2S；从固体粉末的颜色看，也与 Ag_2S 相吻合。同时，开展油中腐蚀性硫检测，检测结果为"无"。

2）主变压器投产前一天下午，先进行了有载分接开关循环操作和直流电阻等试验，可能造成选择开关在切换过程中触头表面的 Ag_2S 层脱落。脱落的 Ag_2S 碎末游离在油中并缓慢下沉，造成开关下部 Ag_2S 粉末的密度较高（C 相在最下两层）。当变压器投运后，较高密度的 Ag_2S 在 2、3 档位之间、与地电位之间产生悬浮电位，造成三者之间的放电。短路电流产生的电动力引起调压线圈变形。

【整改措施及建议】这次故障暴露问题：传统腐蚀性硫的检测方法已不适用变压器油中硫的检测。油中硫的含量虽然不高，但足以产生 Ag_2S 物质。故建议：①对该主变压器的有载分接开关选择器进行更换，开关本体进行检修；②变压器本体油进行更换，同时更换全部密封垫。

3.2.2　分接开关本体渗漏油故障案例分析

1. 连接线断裂导致防爆盖破裂喷油

案例 7：某 220kV 变电站 2 号主变压器分接开关连接线断裂

【故障描述】某 220kV 变电站在送电过程中，发生新变压器调档时有载分接开关防爆盖破裂喷油现象。

【原因分析】故障发生后，经检查发现主变压器有载分接开关防爆盖和顶盖破裂，小储油柜内油流入开关油室，油位降至低位，有载分接开关内变压器油变黑。相关部门对故障设备进行了查看，同时详细检查了操作票、交接验收卡、交接试验报告、保护校验报告、安装调试报告等相关资料，认为项目齐全，不存在安装工艺质量问题。

次日，运维检修人员会同设备厂家，对该变压器有载分接开关进行了吊芯检查，发现切换开关有明显故障点和放电痕迹，切换开关内部转换开关与过渡电阻之间的连接线有一条绞入操动机构内部断裂，另外有三条断开，切换开关存在放电现象和烧蚀痕迹，如图 3-10 所示。鉴于触头有明显的短路电流烧蚀痕迹，该短路电流可能由变压器 3～4 档间短路引起并极易造成 220kV 调压绕组相应部位短路冲击变形损坏。

(a)软连接线断裂　　　　　　　(b)触头烧蚀放电

图 3-10　分接开关故障示意图

【整改措施及建议】①开展变压器修复处理工作，更换箱沿密封条以及检修过程中拆除的全部密封垫，更换切换开关及小油箱后，恢复正常；②后续建议加强与厂家的沟通协调，全程参与该变压器的修复工作，加强技术监督及验收管控。

2. 密封装置失效导致的分接开关漏油

案例 8：某变电站 1 号主变压器分接开关密封装置失效

【故障描述】某变电站检修中，检修人员发现 1 号主变压器有载分接开关储油柜满油位，油从有载分接开关呼吸器油封杯溢出，最快速度为每 4s 一滴，判断本体油内漏至切换开关油室，从有载分接开关油枕反向溢出，本体油中气体组分正常。

【原因分析】主变压器本体储油柜与有载分接开关储油柜运行油位存在 1.5m 以上的高差（见图 3-11），内漏点对于本体属正压，压力差至少 13kPa，油气基本为单向运动，又因有载分接开关油枕是开放式油枕，本体油进入有载分接开关切换小室后，通过储油柜、呼吸器油杯溢出。

变压器油中溶解气体在线监测（每天一次）及离线检测（每季度一次）未见异常。经检查，将有载分接开关的切换油室盖打开，将油抽干净，并用干净白布将油桶内壁擦干净，保持1h，发现油桶底部转动轴密封处有油渗出（见图3-12），说明分接开关转动轴密封已经失效，是造成有载分接开关硅胶罐冒油的原因。

图 3-11 本体正常油位与有载分接
开关储油柜呼吸器出油口位置

图 3-12 分接开关吊芯
检查图

【整改措施及建议】转动轴密封是分接开关中转动轴与变压器油箱之间的密封，由于受到轴转动的影响，容易发生切换开关油桶与变压器本体之间窜油，因此对密封材料的选择要求非常高，制造厂如有不慎，就容易引起切换开关油桶漏油。故建议如下：①分接开关制造厂应注意选择合适的转动轴密封件，避免由于密封件选择不当引起切换开关油室渗漏油；②运行人员巡检时应注意观察有载分接开关呼吸器运行情况，及时发现问题并处理。

案例9：某变电站1号主变压器有载分接开关密封装置失效

【故障描述】某220kV变电站1号主变压器运行过程中，本体轻瓦斯信号报警，现场检查发现变压器连接有载分接开关的小油枕呼吸器出现严重的漏油现象，变压器本体油位已至警戒线，变压器停电，退出运行状态进行临时检修。

【原因分析】现场对有载分接开关进行解体检查发现，有载分接开关灭弧室下部排油塞密封不良，变压器本体绝缘油沿排油塞密封面快速注入有载分接开关的灭弧室内，形成贯通的油路。

本次故障原因为有载分接开关灭弧室与变压器本体间的排油塞密封不良，使有载分接开关灭弧室与变压器本体形成贯通的油路，即变压器本体的绝缘油通过密封损坏处大量注入有载分接开关灭弧室内，经有载分接开关灭弧室的连接管路注入小油枕，最终通过小油枕的呼吸器泄漏到油池内。

【整改措施及建议】对变压器本体进行微量抽真空后更换排油塞。建议严格执行设备监造的管理制度，尤其加大对大中型设备生产的监造力度，加强对现场设备安装的管理和技术监督，严格按设备的安装工艺标准进行安装，做好新设备投运前的验收工作。

3. 油室注油过多导致的分接开关漏油

案例10：某换流站极Ⅰ换流变压器分接开关油室注油过多

【故障描述】某换流站运行人员巡检期间发现极Ⅰ某换流变压器分接开关油枕呼吸器油杯存在溢油现象。现场检查该换流变压器分接开关呼吸器油杯已满，呼吸器硅胶已被油浸泡，正下方的地面上有大量油滴滴落痕迹，分接开关油位表显示油位为0.55，油温表显示47℃，当日环境温度37℃。现场采用连通器法将连通器的连接接头固定在分接开关储油柜底部的放油阀上，测得该换流变压器分接开关油枕实际油位为608mm（即0.99），分接开关储油柜的高度为610mm，表示整个分接开关油枕已满。分接开关运行检查情况如图3-13所示。

(a)分接开关呼吸器溢油　　　　(b)分接开关油枕油位　　　　(c)分接开关油枕油温

(d)分接开关储油柜放油阀　　　　(e)标记分接开关油位

图3-13　分接开关运行检查情况

【原因分析】该换流变压器分接开关为箱外壁挂式。分接开关本体安装在换流变压器主油箱外侧，分接开关油箱与换流变压器主油箱彼此隔离，电动机构直接附着在开关油箱外侧。由于变压器油的热胀冷缩效应，油位会随着变压器温度变化。所以，换流变压器本体和分接开关均设置储油柜，在储油柜中装设胶囊，防止与大气直接接触，并实现呼吸，用于补偿绝缘油的热胀冷缩。但是，由于分接开关配置在线滤油机，在线滤油机在循环过滤时能有效地除去油中的游离碳、水分、氧化物及杂质，确保了开关油的油质和绝缘强度。所以，分接开关没有配置胶囊，分接开关油室通过"切换开关油室—储油柜—呼吸器"与大气直接连通。

分接开关储油柜油满可能有两种原因：①在运行过程中振动导致海底螺栓（见图 3-14 中的底部放油阀位置处）松动或者本身分接开关油室海底螺栓松动导致渗油，再加上本体储油柜油位的势能差使得压力更高的本体绝缘油迅速从本体油箱泄漏至分接开关油室，导致分接开关油位升高，分接开关油位高于 100% 时，油从换流变压器分接开关呼吸器流出；②该换流变压器分接开关储油柜于设备安装期间所注油位偏高，当油温升高膨胀后油位达到 100% 并溢出。

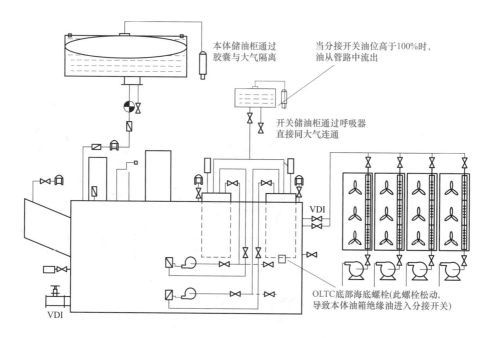

图 3-14　换流变压器分接开关原理图

检修人员晚上再次对分接开关储油柜油位进行检查，发现分接开关呼吸器滴油情况已经停止。由于溢油现象出现在当日环境温度及负荷最大时间段，现场环境温度 28℃，油位表计显示油位为 0.54，油温为 45℃，采用连通法测量分接开关油枕油位，发现油位约为 90%，油位处于呼吸器连接管出口位置高度。故分析认为：分接开关呼吸器滴油不是因为本体储油柜和分接开关储油柜间存在内部渗油点导致。如果本体储油柜和分接开关储油柜间存在内部渗油点，则会因为势能差导致有载分接开关储油柜内的油位始终是满的，而不会随环境温度与负荷降低而收缩。

查询运行记录发现，该换流变压器分接开关曾在去年高温大负荷期间出现过储油柜油位过高导致的储油柜呼吸器溢油现象，当时分接开关储油柜油位虽然偏高，但是溢油现象没有持续，于是现场并没有对油位偏高的分接开关储油柜进行放油处理。故分析认为：分接开关呼吸器滴油是由于安装换流变压器期间，注油时没有考虑温度变化的影响，注油太多，油位偏高，导致高温大负荷期间油满溢出；后来未对分接开关储油柜进行放油处理，在高温大负荷期间换流变压器有载分接开关油温达到 47℃，有载分接开关储油柜内油位再次达到甚至超过100％，导致变压器油从溢进呼吸器油杯内，油满后溢出并将一部分硅胶浸泡。

【整改措施及建议】①在下一次年度停电检修期间对同类型所有换流变压器的有载分接开关储油柜油位进行测量和统一注放油管理，保证换流变压器有载分接开关储油柜内油位充足，并且不会因为高温大负荷工况下过度膨胀而导致溢油。②根据该换流变压器分接开关近5个月的油位数据抄录，发现其油位与其他油位表计同样有随环境温度升高的趋势，但是数据相比实际值相差较大，可以排除由于油位计指针卡死、连接的浮球进油不当等原因导致的油位显示不准确，判断原因可能为连接油位表的浮球连杆或传动扇形齿轮位置调节不当，建议年度检修期间对该油位表计进行校准。③根据换流站内全部换流变压器数据趋势图，发现有3台换流变压器有载分接开关储油柜油位表计数据出现近一年或者近半年数据变化不明显的情况，其趋势图几乎呈直线状态，经过分析判断可能为油位计指针卡死或连接的浮球进油等原因导致油位表计指针没有变化，无法显示变化趋势，建议对这3台换流变压器进行实际油位测量并检查表计是否存在异常，并在年度检修期间对其他所有换流变压器本体储油柜和有载分接开关储油柜进行油位测量并对油位表计进行校准，对故障无法修正的油位表计进行更换。④换流变压器分接开关油位只能通过现场表计查看，不能直观地对分接开关油位进行趋势分析。建议将低端换流变压器的分接开关油位接入智能电子装置（intelligent electronic device，IED）装置，并上传至一体化在线监控后台。⑤运行中加强对换流变压器分接开关呼吸器的巡视，正常分接开关呼吸器硅胶为橘红色，遇水变为墨绿色（变色从下至上），一旦呼吸器油位高，油从呼吸器管路进入呼吸器硅胶后，呼吸器硅胶变为墨黑色。

4. 法兰螺栓紧固不到位导致的分接开关漏油

案例11：某换流站极Ⅱ换流变压器分接开关法兰螺栓未紧固

【故障描述】某换流站巡检过程中，运维人员发现极Ⅱ某换流变压器本体表面存在流油情况（见图3-15），实际查看后确认为有载分接开关外桶壁连接变压器本体油管法兰面漏油，呈喷射状。

【原因分析】该换流站年度检修期间曾对上述紧固螺栓进行力矩检查，检查情况正常。设备停运后，经检修人员现场比对分析，初步判断故障原因为分接开关螺栓长度与换流变压器对接法兰厚度不匹配，导致螺栓紧固过浅。由于换流变压器运行中的振动引起螺栓长时间受力，以及在大负荷期间昼夜温差的热胀冷缩作用下导致螺栓滑牙后脱开，最终造成在该法兰面处漏油。该漏油法兰面螺栓长度为25mm，经与分接开关厂家联系，其原设计匹配油管法兰面厚度约为10mm；

图3-15 分接开关封板本体侧排气管法兰面漏油

现场漏油管道法兰厚度约为 18mm，弹簧垫圈厚约为 1mm，螺栓实际紧入深度仅有 6mm（约 3 个丝牙），正常应为 15mm（约 9 个丝牙）。螺栓长度、法兰厚度及螺栓滑牙情况如图 3-16～图 3-18 所示。

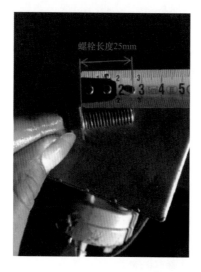

图 3-16　分接开关漏油法兰面螺栓长度及滑牙情况

图 3-17　分接开关漏油法兰面厚度

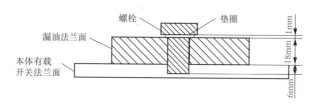

图 3-18　法兰面及螺栓剖面示意图

现场对双极高端 12 台换流变压器进行排查，发现其中 11 台换流变压器分接开关处法兰存在同类隐患（每台换流变压器的 4 个油管法兰中有 3 个厚度约为 18mm），共涉及 33 个法兰面。

【整改措施及建议】①更换换流变压器漏油面螺栓，由原 M10×25mm 螺栓更换为

M10×35mm 螺栓（见图 3-19），确保法兰面紧固可靠。同时，对换流变压器进行补油，确保油位恢复至正常运行状态，并对所有完成更换螺栓进行力矩排查，确保紧固到位。②对存在相同问题的换流变压器隐患法兰面的螺栓进行同步更换。③安排运维人员加强换流变压器巡视力度，重点对换流变压器油温、油位进行重点巡查，并对更换下来的螺栓进行金相分析，进一步研究螺栓材质对本次故障的影响。④会同变压器及分接开关厂家对法兰面螺栓紧入深度不足隐患进行评估，并给出整改建议；同时进行同类隐患的全面核查，提供存在同类情况的换流变压器本体所有密封面使用的单牙螺栓、垫片和法兰内螺牙匹配情况。

图 3-19　更换 35mm 长度螺栓后的法兰面

3.3　分接开关电动机构故障

电动机构是有载分接开关分接变换操作的驱动和控制机构。发出一个启动信号后，电动机构将驱动分接开关由一个工作位置变换到另一个相邻的工作位置，中途不再受任何启动信号的影响，完成一次操作后自动停车。根据以往运行经验，分接开关故障以电动机构故障为主。

3.3.1　电动机构故障导致分接不同步案例分析

由于传动机构发生故障而导致分接开关分接头不同步的原因主要表现为传动轴松动、制动盘松动、传动轴卡箍脱落等。

1. 传动轴松动导致分接头不同步

案例 12：某换流站换流变压器分接开关传动轴故障

【故障描述】某换流站换流变压器运行过程中，3 套阀保护主机 CPR 先后发出角接换流变压器阀侧电流 I_{VD0}、I_{VD1} 测量异常报警，约 11s 后复归。角接换流变压器阀侧首、末端电流 B 相较 A、C 相高出约 120A，换流变压器进线电流 B 相较 A、C 相高出约 30A。

【原因分析】软件监测情况 CPR21。现场手动触发录波，发现极Ⅱ高端角接换流变压器阀侧首端电流 I_{VD1}、末端电流 I_{VD0} 的 B 相电流值高于 A、C 相，网侧首端 B 相电流较 A、

C 相高，星接网侧首端、末端电流三相基本平衡。查看 CCP 录波中直流电流、触发角 α 及触发脉冲 CPRD，均未见异常。查看系统运行情况，发现极Ⅱ高端换流变压器进线 B 相电流偏高，高出 A、C 相约 30A。阀组停运后，极Ⅱ高端换流变进线仍然存在约 20A 左右电流，其余 3 个换流器进线电流基本一致，均在 5A 左右。极Ⅱ高端换流变压器阀侧首、末端幅值达到约 86A，且三相电流基本平衡。因此，初步判断极Ⅱ高端三相角接换流变压器网侧或阀侧三相阻抗不平衡，导致阀侧出现环流。

试验检查。对极Ⅱ高端角接换流变压器开展 TA 二次绕组直流电阻及变比测试、换流变压器变比测试，测试结果合格。对极Ⅱ高端 Y/D 换流变压器阻抗进行测试，发现 C 相阻抗异常，在分接开关档位为 27 档时，阻抗偏差为 11%；在 31 档时，阻抗偏差为 12.85%，超出有关标准小于 10% 的要求。

检查 C 相换流变压器分接开关外部传动部件，发现分接开关联动传动杆（同时带动 3 个分接开关）与 2 号分接开关传动轴连接处齿轮盒底座松动，如图 3-20 所示。进一步检查 2 号分接开关本体齿轮盒档位在 3 档，而 1 号、3 号分接开关本体齿轮盒档位在 10 档，操作机构档位在 10 档。

(a)整体图 (b)局部图

图 3-20　传动轴连接处齿轮盒底座松动

本次故障原因为该换流变压器分接开关传动杆齿轮盒底座螺栓未按要求紧固，长期运行后齿轮盒底座松动，纵、横向齿轮不能正常咬合，导致 2 号分接开关不能正常调档，换流变压器阻抗出现异常，与其余两相换流变压器阻抗形成不平衡（档位差异越大三相不平衡率越高），最终使得换流变压器阀侧电流 I_{VD0}、I_{VD1} 测量异常。

【整改措施及建议】现场紧固齿轮盒底座，恢复分接开关联动传动杆与 2 号分接开关传动轴连接，调整 3 个分接开关档位一致，复测换流变压器阻抗，三相基本一致。

2. 制动盘松动导致分接头不同步

案例 13：某换流站换流变压器分接开关制动盘松动

【故障描述】某换流站换流变压器有载分接开关自动控制由 8 档调至 7 档时，C 相有载分接开关滑档至 6 档，并导致分接开关多次跳档。现场立即启动应急处置流程，及时将分接开关切换至手动控制模式，将 C 相有载分接开关升至 7 档。

【原因分析】有载分接开关调档过程为：控制系统下达升/降档命令后，有载分接开关电机控制回路接通开始旋转，驱动连接轴拉升，辅助开关 S12 接点随即变位，使电机控制回路进入自保持状态，同时松开制动盘；在达到下一档位后，驱动连接杆释放，辅助开关 S12 接点复位切断电机控制回路，同时启动制动盘，消除惯性导致的继续旋转。根据上述分析，确定可能导致滑档的三个因素为：①驱动连接轴卡涩，导致辅助开关 S12 未复位；②辅助开关 S12 接点粘连，导致分接开关在到达档位时未切断电机控制回路；③制动盘松动，导致分接开关在到达档位后未能及时制动，进而进入下一个操作循环。

现场针对上述因素进行检查，发现制动盘偏离中心 70°～80°，动作后偏离位置基本不变，大于厂家要求的 ±25°，接近驱动辅助开关 S12 连续动作临界点（90°），易导致分接开关滑档。综上，检查结果显示制动盘松动偏心是造成有载分接开关滑档的原因。

针对制动盘松动，现场调节制动弹簧上的螺栓压紧力，增大制动盘摩擦力，保证制动盘偏差在合格范围之内，见图 3-21（a）；调整完毕后对分接开关进行 4 次升降调档操作，制动盘未再次偏离，有载分接开关动作正常，如图 3-22 所示。

(a)调整前　　　　　　　　　　　　　　(b)调整后

图 3-21　调整前后的制动盘对比

【整改措施及建议】①对换流变压器其他两相有载分接开关刹车盘、驱动连接轴进行专项检查，并对驱动连接轴进行润滑处理；②对有载分接开关制动盘、制动弹簧压紧螺栓位置进行标识，定期进行检查，并列入年度检修例行检查项目，发现异常及时处理；③鉴于该换流变压器有载分接开关滑档导致分接头多次调整，研究在当前典型控制逻辑基础上进一步优化的可行性和必要性。

图 3-22　制动盘未偏离，分接开关动作正常

3. 传动轴卡箍脱落导致分接头不同步

案例 14：某换流站换流变压器分接开关传动轴卡箍脱落

【故障描述】某换流站监控后台发现极Ⅰ高端换流变压器星接中性点电流 41A（其余均为 0A），存在不平衡电流，检查发现极Ⅰ高端某相换流变压器 3 台分接开关档位不一致。

【原因分析】增大该直流工程输送功率至 5000MW，极Ⅰ高端星接换流变压器不平衡电流随之增大至 58.5A，并对分接开关齿轮盒开盖检查，发现 1 号分接开关档位为 15 档，2 号和 3 号分接开关档位均为 1 档，3 台分接开关档位不一致，如图 3-23 所示。

(a)1号分接开关为15档   (b)2号分接开关为1档   (c)3号分接开关为1档

图 3-23 分接开关齿轮盒内部档位指示

检查分接开关水平传动轴，发现 1 号分接开关传动轴与主轴之间卡箍脱落分离，导致 1 号分接开关停留在 15 档，2、3 号分接开关连接正常调档。当换流变档位偏离 15 档时，3 个分接开关档位不一致，引起该换流变压器网侧绕组电压比与 B、C 相不对称，从而导致中性点不平衡电流的产生。档位偏离 15 档越大，三相不平衡率越高，同时不平衡电流大小与换流变压器电流大小成正比关系。

针对本次分接开关传动轴卡箍脱落故障，对全站双极高端 12 台换流变压器分接开关传动轴进行排查，共发现 31 个螺丝脱落，以及部分螺丝松动现象。综合分析认为本次卡箍脱落原因为：设备安装时部分螺丝紧固不到位，或换流变压器运行时因振动过大而导致螺丝松动脱落。

【整改措施及建议】①补充缺失螺丝并紧固松动螺丝；②建议后续加强对换流变压器不平衡电流监视，每年利用检修机会，对分接开关传动轴紧固情况进行检查；为防止螺丝振动松脱，后续建议对螺丝涂抹螺纹紧固胶。

案例 15：某换流站换流变压器分接开关传动轴卡箍松动

【故障描述】某换流站极Ⅰ低端阀组差动保护动作，极Ⅰ高、低端阀组闭锁，直流功率转带正常，无负荷损失。随后，执行极Ⅰ高端阀组再启动，极Ⅰ高端换流变压器分接头操作失败，极Ⅰ高端阀组再启动失败。后台显示极Ⅰ高 C 相换流变压器分接开关档位为 21 档，其他均为 20 档，与现场核对结果一致。

【原因分析】现场检查发现该换流变压器分接开关机构箱内电阻盘转动不到位，导致档位BCD码上送异常。异常时刻，该换流变压器BCD码档位信号全部为零，是因为行程开关位置连杆未落入转轮齿底位置，档位选择触头正电源断开，S61P、S62P无档位信号输出。结合分接开关结构原理分析，行程开关连杆未到位可能的原因为连续触点盘固定螺栓或传动轴源端卡箍螺栓出现松动，如图3-24所示。现场对连续触点盘M10固定螺栓进行全面检查和紧固处理，未发现松动异常。结合两路BCD码档位输出存在异常情况，判断传动轴源端卡箍存在松动。

(a) 传动轴安装位置　　　　　　　　　　　(b) 传动轴示意图

(c) 传动轴卡箍

图 3-24　1号分接开关传动轴卡箍脱落

通过对备品进行拆解，传动轴源端装配工艺如图3-25所示。传动轴源端与联动机构为圆—圆对接装配工艺，并采用U形卡箍进行固定，U形卡箍锁紧面亦为圆—圆设计，采用1颗M8带胶螺栓锁紧。螺栓未配置螺母，且无自锁功能，如螺栓松动将引起传动轴松脱，并造成所有档位触头转盘出现旋转偏差，无法满足与行程开关的精准配合要求，导致分接开关档位信号输出异常。

为进一步确认异常原因，联合设备厂家进行分析，查阅相关服务记录，确认在换流站建设阶段按照换流变压器厂家要求，将开关档位指示由变压器厂订货时的"23，22，…，10，9A，9B，9C，8，…，2，1，N，−1，…，−5"，改为目前的"1，2，…，14，15A，15B，15C，16，…，28，29"。此改动涉及松动U形卡箍和带胶螺栓，将方轴旋转一定角度后，带动连续触点盘定位，未对带胶螺栓进行更换，共涉及全站14台高端换流变压器分接开关及部分其他换流站分接开关。

(a)卡箍安装位置

(b)卡箍固定方式

(c)卡箍结构

(d)卡箍装配方式

图 3-25　传动轴源端装配图

【整改措施及建议】①对于开展过现场档位调整的换流变压器分接开关，要尽快组织排查治理；②对于后续新建工程，运维单位应做好技术规范评审及换流变压器生产制造环节技术监督，发现问题及时纠正更改，避免将问题遗留至现场安装阶段；③运维单位应督促设备厂家出具具有特殊检修要求的部件清单及相应工艺要求，指导现场人员开展针对性维护。

3.3.2　电动机构故障导致开关滑档故障案例分析

案例 16：某换流站换流变压器分接开关传动轴润滑不良

【故障描述】某换流站极Ⅱ低端 B 相换流变压器在一个月内连续发生 4 次滑档故障，且故障概率呈现逐步频繁的趋势。检查接触器状态正常，对开关刹车连杆进行处理后，次日再次出现滑档。

【原因分析】设备外观检查无异常。现场将"远方/就地"控制把手拨至 0 位置，步进接触器和升档接触器复位，判断接触器没有问题。现场检查发现如下问题：①与 S12 相连的刹车连杆生锈,如图 3-26 所示;②将升降指示杆向升档方向扳动,发现刹车连杆有白色异物,如图 3-27 所示;将升降指示杆向降档方向扳动,未发现明显异常,如图 3-28 所示。结合上述现象,分析故障可能由 S12 凸轮开关、刹车片和传动轴润滑不良引起。

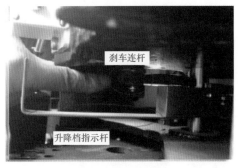
(a)刹车连杆与升降档指示杆

(b)查看刹车连杆生锈

图 3-26　开关刹车连杆与升降档指示杆检查

(a)刹车连杆有白色物质

(b)白色物质清除后

图 3-27　开关刹车连杆检查

【整改措施及建议】①开展刹车连杆除锈处理,打磨并涂润滑油脂;②清除升降指示杆白色物质,细砂纸打磨处理后涂润滑油脂;③运行人员将远方就地把手拨至就地控制,恢复开关电机电源,就地分别升降一次,设备运行正常。

图 3-28　向左扳动指示杆检查

3.3.3　电动机构故障导致开关跳闸故障案例分析

案例 17:某变电站 2 号主变压器分接开关传动轴松动

【故障描述】某变电站 2 号主变压器抗短路能力不足返厂改造后迁移至该变电站。投运前进行了局部放电及耐压试验,送电过程中进行了 3 次冲击合闸,合闸后进行保护测试。从 1 档到 2 档的调节过程中，有载分接开关重瓦斯动作，随后本体重瓦斯、压力释放阀动作，主变压器跳闸。分接开关呼吸器对外喷油，主变压器储油柜和分接开关储油柜油位都降为 0 后停止喷油。

【原因分析】故障后，分接开关操作次数为 12711，开关位置指示为 2 档，但未完全到位。现场对分接开关吊芯检查，发现分接开关芯体三相过渡电阻烧毁严重，三相烧毁现象基本一致，部分被烧断，从上至下有类似放电痕迹，如图 3-29 所示。开关芯体闭合在单数侧，但双数侧主触头也烧毁严重；开关油室底部破裂，油室与主变压器本体连通，如图 3-30 所示。分接开关吊芯后，将油室桶壁上三相触头短接直接引出进行测试，双数侧在 9 档位置，单数侧在 1 档位置。

(a)机构指示   (b)过渡电阻损坏情况

图 3-29　机构指示及过渡电阻损坏情况

(a)开关芯体闭合在单数侧   (b)双数侧触头烧损   (c)开关油室底部破裂

图 3-30　开关芯体及油室损坏情况

随后，对该主变压器进行吊罩检查，发现三相调压绕组均严重变形，如图 3-31（a）所示。分接选择器上遍布金属粉末，分接选择器的间歇齿轮盘变形，如图 3-31（b）所示。三相分接选择器单数侧位于 1 号触头，双数侧位于 10 号触头，极性开关为正极性。

根据检查情况分析，有载分接开关故障前的降档过程中，电动机构指示档位与开关实际档位不一致（相差 1 档），在电动机构从 2 档调到 1 档时，由于该型号分接开关内部无机械限位装置，双数侧本来处于 2 号触头位置的动触头继续移动至 10 号触头位置。在故障前，分接开关电动机构显示为 1 档，分接选择器单双触头分别在 1 号和 10 号位置，切换开关位于双数侧，所以实际档位为 9 档。故障时，电动机构从 1 档操作到 2 档，选择开关触头不动作，切换开关从双数侧位置切换到单数侧位置，此时对应实际档位为 1 档，变压器实际档位从 9 档切换到 1 档，过渡电阻承受了 8 个分接段的级电压（约为 13280V），远超出过渡电阻承受值，导致过渡电阻过流烧毁，并使变压器调压绕组短路损坏。

(a)调压绕组变形　　　　　　　　　　　　(b)间歇齿轮盘变形

图 3-31　开关芯体及油室损坏情况

由于出厂试验及现场交接试验的变比、直流电阻等试验均合格，分析电动机构指示档位与开关实际档位不一致可能出现在现场交接常规试验之后与送电之前，原因可能为：分接开关本体与电动机构之间的传动杆出现松动导致电动机构动作而本体未动作，分接开关正反转圈数不一致，经过一定积累后导致在某个档位开关本体未动作。

【整改措施及建议】组部件质量缺陷及反事故措施执行不到位是本次主变压器故障的主要原因。为防止此类故障再次发生，提出以下措施：①根据《国家电网有限公司十八项电网重大反事故措施（修订版）》的要求，新购有载分接开关必须选择带机械限位装置的产品；②有载分接开关在安装时应严格进行调试检查，特别注意传动机构、开关正反转圈数的检查；③出厂及交接试验应严格进行所有档位的直流电阻、变比试验，其中变比试验应包括 9A、9B、9C 档，进行最大分接、额定分接、最小分接的低电压短路阻抗试验。

3.3.4　电动机构故障导致开关异响故障案例分析

1. 张紧轮变形导致的分接开关异响

案例 18：某换流站极 II 换流变分接开关张紧轮变形

【故障描述】某换流站换流变压器在投运前的检查过程中，发现分接开关操作机构箱张紧轮内异响。

【原因分析】现场检查发现机构箱四个固定螺栓不在同一平面，分接开关机构箱四个固定螺栓漏出丝牙不同，开关机构箱背板可能不在同一平面，推测换流变压器箱体轻微形变造成张紧轮声响增大，如图 3-32 所示。张紧轮长期受力运行易发生更大形变，造成电机齿轮与垂直连杆产生异常扭力，长期运转声音增大。

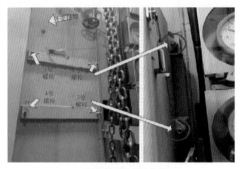 

(a)机构箱固定螺母位置　　　　　　　　　　(b)电机张紧轮

图 3-32　换流变压器机构箱及张紧轮检查情况

进一步拆开操作机构箱垂直联轴杆及四颗固定螺栓，接通电机电源后检查设备运转状况，发现异响声减轻少许，但仍然明显，表明张紧轮受力变形造成异响的可能性较大。为了查清机构箱背板是否在同一平面，对 4 颗固定螺栓分别进行水平方向测量和垂直方向测量，发现 3 号和 4 号螺栓不在一水平面，3 号螺栓较 4 号偏低 3.9mm。

【整改措施及建议】

（1）现场对分接开关进行试装，测量结构箱 1、2、3、4 号螺栓 4 个吊耳与换流变压器侧壁间的间隙高度。根据测量的间隙高度与垫片厚度比较，1、4 号螺栓需配备 2 个垫片，2、3 号无需垫片，最后装好结构箱并紧固 4 颗固定螺母。使用水平尺分别测量机构箱 3 个维度，使之满足结构箱设计要求。

（2）为杜绝这种现象再次发生，应在分接开关机构箱安装时采取措施保证机构箱输出轴与伞齿轮盒的立轴正确对齐。

（3）加强换流变压器充电、功率调整较大时期的巡视。一旦发现分接开关异常声响，应引起重视，及时分析处理。

（4）安排专人对更换后的机构箱返厂跟踪检测，分析故障原因和解决办法。

2. 传动轴锈蚀导致的分接开关异响

案例 19：某换流站极Ⅱ换流变压器分接开关传动轴锈蚀

【故障描述】某换流站年度检修投运前的验收过程中，验收人员发现极Ⅱ某换流变压器有载分接开关在调压过程中存在异响，经反复电动升降档操作发现该异响仍然存在，分析异响为内部传动机构故障、机械卡涩产生。

【原因分析】此次故障原因为：上述部位长时间运行后欠维护，传动轴连接处存在杂质或锈蚀，导致在传动过程中出现卡涩而发出异响。为此，针对该换流变压器有载分接开关开展如下检查及维护工作：①当开关停在正档位时，制动盘上的红线应处于两根弹簧中间，或最大偏离±25°，否则需要调整；②清洁机构，特别是要用酒精类的清洁剂清洁，以防刹车打滑；③用液体润滑剂润滑刹车装置；④转动部件，除刹车盘外，涂抹黄油。

【整改措施及建议】这次缺陷暴露问题如下：①巡视不到位。换流变压器有载分接开关正常运行时动作次数较多，运维人员未能引起足够重视，没有在日常工作中发现该缺陷，应加强设备巡视质量；②检修质量把控不严。在年度检修过程中未发现该问题，而是在验收过程中发现该问题，各类作业人员应提高责任意识和检修水平。

建议如下：①在设备采购和设计过程中，应全面考虑换流变压器有载调压机构运行工况，采用高强度、耐腐蚀、抗磨损材料，辅以高效润滑材料提高运行可靠性；②在安装调试阶段，业主方、施工方和监理方应各尽其责，确保安装正确，调试正常，验收合格，全方位保证安装调试质量，为安全运行奠定基础；③在运维检修过程中，应根据设备说明书进行严格的运行维护工作，在动作达到 10 万次或者运行 7 年（以先到为准）后进行检修，并每年检查维护一次，出现问题应及时处理。

3.4 分接开关控制回路故障

电动机构的控制回路相对比较复杂，必须具备电机正反转控制、电机级进控制和安全保护功能等。同时，为了防止异常情况下电动机构和有载分接开关发生错误的动作行为，造成严重不良后果，在电气回路中常常设置许多保护功能，如连动保护、相序保护、失压再启动保护、极限位置保护、手动操作保护等，且具备紧急停车功能。在启动或调档过程中，出现异常情况时，这些保护功能可以将不良后果的影响限制在最小的范围内。但分接开关控制回路一旦出现问题，可能引发分接头不同步、开关滑档及开关跳闸等故障。

3.4.1 控制回路故障导致分接头不同步故障案例分析

1. 继电器故障导致分接头不同步

案例 20：某换流站极 II 换流变压器分接开关升档继电器异常

【故障描述】某换流站换流变压器有载分接开关由 20 档升至 21 档时，极 II 某换流变压器有载分接开关未能正常调档，保持在 20 档，A、C 相升至 21 档。后通过远方手动方式将档位调至 21 档。后续降档操作时，换流变压器有载分接机构调档正常。次日，该换流变压器有载分接开关由 18 档升至 19 档时，再次出现无法正常调档情况，远方手动方式同样无法调节。

【原因分析】现场检修人员会同变压器厂家人员，对该换流变压器有载分接开关电机位置进行微调，并对齿形带松紧程度进行调整。再次进行升降档试验，仍不能正常调档，且有载分接开关机构存在轻微异响。通过反复检查及分析，初步判断轻微异常声响及分接头不能正常调档由分接开关 K2 升档继电器接点抖动引起。

现场对 K2 继电器进行了拆卸校验，在 55% 额定电压和全电压情况下，继电器均未动作；对异常继电器拆解检查发现其励磁线圈存在断股现象，如图 3-33 所示。更换 K2 升档继电器，并通过升降档验证，分接开关恢复正常调档功能。

(a)升档继电器检测异常   (b)继电器励磁线圈断股

图 3-33　K2 继电器拆卸校验

综合上述检测分析，该换流变压器分接开关 K2 升档继电器异常是造成不能正常升档的根本原因。

【整改措施及建议】①加强换流变压器分接开关运行监视，年度检修期间对分接开关控制回路进行专项检查；②梳理备品备件，制定预案并做好应急处置措施。

案例 21：某换流站极 Ⅱ 换流变压器分接开关双稳继电器损坏

【故障描述】某换流站极 Ⅱ 高端换流变压器分接头不一致报警，检查发现该换流变压器现场实际档位为 16 档，后台显示档位为 17 档。经反复多次远方操作后发现，该换流变压器分接开关切换提前完成时间不固定，有时甚至达到 2～3s，但现场人员通过听切换动作声音未发现切换不同步现象。

图 3-34　双稳继电器 K4 损坏

【原因分析】经检查分析，系统判断分接开关是否完成档位切换是根据信号发送回路发出的"分接开关正在操作"信号进行的，而"分接开关正在操作"信号是由分接开关操作机构内保持连续开关 S12 和双稳继电器 K4 共同控制。经现场检查发现，双稳继电器 K4 损坏导致了此次分接开关调档不同步故障，如图 3-34 所示。现场更换双稳继电器 K4 后故障消失。

【整改措施及建议】①对该换流站换流变压器分接

开关操动机构的元器件进行全面排查，更换不合格或存在隐患的元器件；②加强换流变压器分接开关运行监视，年度检修期间对分接开关操作机构的元器件进行专项检查；③梳理备品备件，制定预案并做好应急处置措施。

案例 22：某换流站极 I 换流变压器分接开关启动继电器螺丝松动

【故障描述】某换流站极 I 换流变压器有载分接开关档位由 23 档降至 22 档时，监控后台报出："极 I 换流变压器分接头档位不一致、分接头未同步、分接头同步调档 OFF"，后台显示该换流变压器分接开关档位为 19 档，其余两相为 22 档。现场档位检查结果与后台监控界面显示一致。对分接开关电源、二次回路、机械传动机构进行检查，未发现明显异常。

【原因分析】现场对该换流变压器有载分接开关机构箱进行检查，发现机构箱内部 S11 启动继电器固定螺丝确实存在松动现象，如图 3-35(a) 所示。对 S11 启动继电器的固定螺丝进行紧固后，对极 I 换流变压器进行分接头档位升降调整，档位试验正常，控制回路检查正常。

(a)螺丝紧固前　　　　　　　　　　　(b)螺丝紧固后

图 3-35　分接开关机构箱 S11 启动继电器紧固前后情况

【整改措施及建议】①运检人员持续加强分接头档位动作情况监视及专业化巡视，梳理备品备件，并做好事故预案及应急抢修准备；②在年度检修期间，建议对该站换流变压器有载分接开关机构箱内 S11、S12 继电器及其他电气元器件、机械部件等进行全面检查、试验。

案例 23：某换流站极 II 换流变压器分接开关同步器接线松动

【故障描述】某换流站极 II 低端阀控 A、B 报 "极 II 低端换流变压器分接开关本体与电动机构同步消失"，导致该阀组换流变压器无法正常升降档，故障时分接开关无操作。

【原因分析】经查，该换流站于两年前对极 II 低端换流变压器分接开关二次回路进行改造，在同步指示灯 H1 两侧并联扩展继电器，并将继电器接点接入阀组控制系统以产生"分接开关本体与电动机构同步"信号，同时参与分接开关控制逻辑。当同步器回路断路导致扩展继电器失电、控制系统接收不到该信号时，禁止输出分接开关升降档指令。

现场检查发现，同步指示灯 H1 熄灭，同步器回路断路。停电后对分接开关开盖检查，发现同步器信号插头 5 号插孔存在烧蚀、松动。现场对插头维修后，分接开关功能恢复正常。分析认为,分接开关同步器信号插头 5 号插孔未安装到位,随着换流变压器运行振动、分接开关升降档振动,插孔出现松动,与插针接触不良,导致同步监视回路不能正常导通,指示灯 H1、扩展继电器断电,继而导致本体与电动机构同步消失报警、分接开关无法调档。

【整改措施及建议】针对在运换流站,建议采取如下措施:①结合停电对该型号分接开关同步器外部接线进行检查,若发现接线松动、电缆破损等情况应及时整改;分接开关吊检或大修时,开展同步器信号插头针对性排查;②对于同步器回路故障导致的分接开关不同步缺陷,应编制应急预案,无法停电消缺时可临时短接同步回路进行调档操作。

对于新建工程,建议采取如下改进措施:①在该型号分接开关同步回路指示灯 H1 处并联扩展继电器,增加同步回路故障报警监视接点并送至 OWS 后台,便于运维人员及时发现问题并开展消缺,避免进一步发展为开关不同步故障;②现场安装验收时,运维人员应加强分接开关同步器信号插头的安装检查,确保插针、插孔固定牢靠。同时,加强二次接线质量管控、电缆穿管防护,避免出现接线松动、电缆划伤破损情况。

2. 同步器故障导致分接头不同步

案例 24:某换流站极Ⅱ换流变压器分接开关同步器干簧管故障

【故障描述】换流站年度检修期间,按照计划将某换流变压器更换为备用相,调档时发现另外两相不能调档且有载调压机构箱内(同步正常指示)指示灯 H1 熄灭,进一步检查发现为同步器干簧管故障。

【原因分析】排查换流变压器有载分接开关控制电源回路发现,其三相控制共用一个公共端。该换流站换流变压器 380V 站用变压器两路交流电源取自不同区域电网,当三相换流变压器有载分接开关机构箱的供电电源未在同一路时,将通过三相远方升、降档及急停控制回路公共端造成电源非同期并列,产生将近 400V 的电压,导致分接开关同步器干簧接点过压(额定电压为 250V)损坏,从而引发同步器故障,同步器故障后会导致换流变压器就地、远方均无法调档,同时单台换流变压器两个有载分接开关芯子同步性失去监视。因此,对该流变压器端子箱电源进行改造,改造前后接线情况如图 3-36 所示,同时更换图 3-37 中的故障干簧管,该换流变有载分接开关恢复正常。

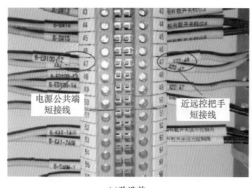
(a)改造前

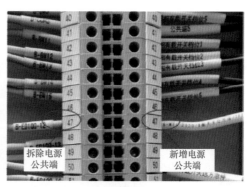
(b)改造后

图 3-36 换流变压器总端子箱改造前后接线图

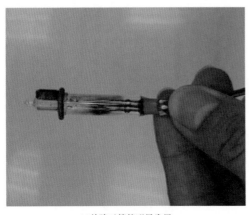
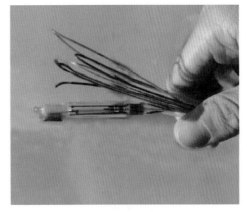

(a)故障干簧管明显发黑　　　　　　　　　　　(b)新同步器干簧管

图 3-37　故障同步器干簧管和新同步器干簧管

【整改措施及建议】①设备运行期间重点关注有载分接开关机构箱指示灯 H1，如果指示灯熄灭应尽快通知检修进一步检查；②年度检修期间对同步器外部接线进行检查，包括头盖接线盒密封、接线工艺及电缆是否存在破损等，并检查同步器干簧接点的绝缘性（带干簧接点测量绝缘电阻时，所加电压不高于 250V）。

3. 接触器故障导致分接头不同步

案例 25：某换流站极Ⅱ换流变压器分接开关步进接触器和升档接触器异常吸合

【故障描述】某换流站极Ⅱ换流变压器在功率升降过程中，出现分接开关档位不一致情况。后台显示换流变压器分接开关在 23 档，现场检查位于 23 和 24 档之间、电机电源跳开，其余 5 台换流变压器后台及现场均在 21 档。

【原因分析】正常情况下，升档时步进接触器 K1 和升档接触器 K2 正常吸合，完成升档后 K1 和 K2 的白色按钮应恢复原状。但在现场检查中发现，该换流变压器分接开关 K2 和 K1 保持在吸合状态，滑档保护继电器 K6 动作，分接开关电机电源开关跳开。升档接触器 K2 励磁吸合后，其 13、14 常开接点闭合。此时，滑档保护继电器 K6 开始计时，达到整定时间后，延时接点 15、18 闭合，接通分接开关电机电源跳闸回路。现场接触器运行状态如图 3-38 所示。

图 3-38　现场接触器运行状态图

【整改措施及建议】①运维人员就地降故障相分接头成功，远方和后台显示均为 23 档，分接头故障信号复归，分接头恢复正常操作。分接头恢复正常后，操作运维人员远方操作降故障相分接头至 22 档，实现 6 台换流变压器分接头同步，软件逻辑正常出口，操作成功。②该换流站投运以来，同型号分接开关多次出现接触器卡涩故障，建议更换接触器，选择更为可靠的产品。

案例 26：某换流站极Ⅱ换流变压器分接开关接触器辅助触点粘连

【故障描述】某直流输电工程双极降功率操作过程中，换流站极Ⅱ换流变压器分接头从 27 档降至 26 档，监控后台发"分接头失电、同步失败及分接头操作失败"告警。现场检查发现，换流变压器分接开关电机电源空气开关跳开，档位为 27 档，其余两相均为 26 档。

【原因分析】结合设备运行工况分析，故障前该换流变压器分接头档位由 28 降至 27 档正常；由 27 降至 26 档时，转轴只转动了 2 圈便发生故障（正常时，转轴转动 25 圈分接头动一档）。现场重点检查电机电源回路及控制回路，发现电机内部直流电阻异常，判断电机内部绕组一相开路，导致电机堵转，电源空气开关跳闸。同时，现场检查发现有载分接开关接触器 K3 存在异常，A 相通道在接触器励磁吸合状态下，电阻为 136kΩ，B、C 相均为 7Ω 左右，多次测试及对比备用变接触器 K2、K3 接点状态，确认该接触器内部存在故障。

经检查分析，发生该故障的原因为：由于运行时间较长，接触器 K3 的辅助触点发生粘连，接触器励磁后辅助触点无法闭合，导致分接开关降档控制回路未能导通，分接开关无法降档。

【整改措施及建议】检修人员对该换流变压器有载分接开关电机、接触器 K3 进行更换，试验合格后分接开关恢复正常。建议配置同型号分接开关的换流站运维单位应结合停电对分接开关电机、接触器等零部件进行检查，包括触点是否能够闭合等，一旦发现故障隐患，应立即进行处理。

4. 其他零部件故障导致分接头不同步

案例 27：某换流站极Ⅰ换流变压器分接开关端子滑片松动

【故障描述】某换流站对极Ⅰ高端换流变压器进行充电操作，在分接头档位上升过程中，换流站极Ⅰ高端阀组控制主机 S1P1CCP1 A/B 双系统报："分接头同步调档失败"，且每变化一档就上报一次该信号，但是后台及现场检查 6 台换流变压器分接头档位均上升正常且已到位。通过对报文的检查分析，发现报文中只要发生分接头档位变位，极Ⅰ高端 CCP 双系统总会缺失"极Ⅰ高端换流变压器星接 C 相有载分接开关操作中"相关信息，初步判断原因为极Ⅰ高端换流变压器角侧 C 相分接头变位信息的信号回路存在问题。

【原因分析】检修人员对现场该换流变压器汇控柜 X104 端子排进行检查后发现其 5 号和 7 号端子滑片存在松动迹象，使用万用表测量发现其正端电压为 57.8V，负端约为 0V，立即进行紧固，紧固后再次测量，负端电压已恢复至 58V，并对汇控柜内其他端子排进行检查，排除其他虚接可能。

经检查分析，发生该故障的根本原因为：①换流变压器分接头档位"有载分接开关调节中"信号的丢失导致系统无法正确判断各相分接头档位是否一致，尽管在后台分接头档位界面及现场检查分接头开关档位的变化是一致的，但是软件内部逻辑的判断受"有载分接调节中"信号的影响；②换流变压器分接头档位在变化过程中若出现档位不一致情况，同样会上报"同步调档失败"报文，此时还会出现"档位不一致"等报文，同时调档会紧急停止；③分接头档位越上、下限同样会影响反馈模块对输入信号的选择，从而引起各换流变压器档位不一致，系统进而发出"同步调档失败"报文。

【整改措施及建议】①应加强对分接开关相关二次回路的定期检查，避免由于回路问题导致故障扩大；同时，应加强分接头档位的监视，发生故障及时处理，避免因分接头档位的故障引起闭锁。②建议运维检修人员应掌握分接头软件逻辑，通过监控后台报出的"同步调档失败"等软件报文和现场设备信息，判断故障的根本原因，采取正确的处理方法。

案例28：某换流站极I换流变压器分接开关行程开关异常开合

【故障描述】某换流站换流变压器降档过程中，后台运行人员工作站（Operation work station，OWS）报"A相有载分接开关电机过负荷报警"，现场检查发现该换流变压器分接开关电机电源Q1已跳闸。为了使降压操作能够继续进行，现场人员手动合上电源开关，报警复归，分接开关继续降档。随后，极I低端分接头已降至2档，系统发"A相分接头故障"。OWS指示该换流变压器分接开关位于2档，其余换流变压器均在1档。现场检查该换流变压器分接头档位指示在1档和2档之间，电源开关合上正常，其余换流变压器在1档正常。

【原因分析】（1）查看时序图（见图3-39）可知，凸轮限位开关S12（升档方向）在第5-31圈闭合。在17圈时，该开关本应闭合，但因为没有合上，导致升档回路失电，操作无法继续。又因为换档未完成，凸轮限位开关S5常闭接点没有复归，控制回路没有回归到初始状态，重新下发升档指令也无效。

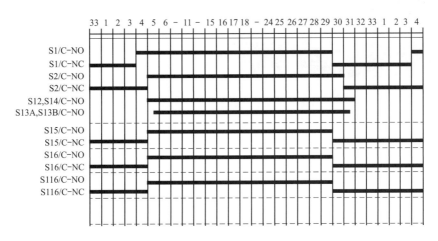

图3-39 凸轮开关运转时序图

（2）图3-40所示控制回路的右下角是一个自检回路，用于诊断凸轮限位开关与电机运转方向相反（即传动轴反转）和控制回路故障。查看时序图可知，在第4圈和第30圈，凸轮限位开关 S1 和 S2（不带方向）只有一个合上，自检回路有效，此时如果电机没有启动，或者启动的方向与凸轮方向相反，立即使脱扣器通电跳开 Q1。

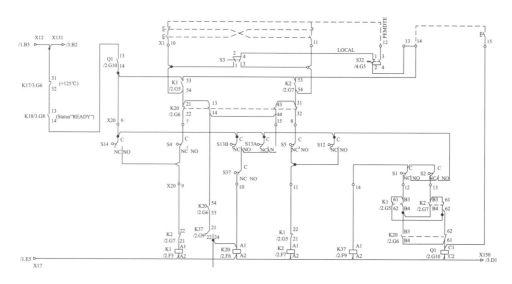

图 3-40　分接开关控制回路示意图

（3）结合本次故障的情况，电机电源开关跳闸时电机正转至第 30 圈，此时如果 S12 开关断开导致升档回路失电，升档接触器 K2 的常闭接点 61-62 复归，自检回路通电，脱扣器将 Q1 跳开，如图 3-41 所示。因此，电机电源跳闸是由于凸轮限位开关 S12 故障所导致的。

【整改措施及建议】①规范分接开关故障处理流程，遇到分接开关换档不到位的情况，由专业人员根据现场的情况，决定是否停电检查。②编制分接开关吊芯检查标准化作业指导书，优化作业流程，提前准备所需的工器具及材料。③如果不需要停电处理，不可

图 3-41　凸轮及其限位开关

采用手摇或者短接控制回路的方法来强制操作，应在断开电机电源前提下，定位故障元件并更换，再由控制回路自动将分接开关换档到位。

案例 29：某换流站极Ⅰ换流变压器分接开关温度传感器故障

【故障描述】某直流输电工程降功率过程中，后台换流站极Ⅰ高端及低端阀组控制主机 CCP12A/B 报"分接头同步调档失败""分接头不一致""轻微故障出现"，后台显示极Ⅰ低端某换流变压器分接头为 12 档，其余 5 台换流变压器分接头均为 11 档。次日降功率过程中，再次出现极Ⅰ低端换流变压器分接头不一致告警，该换流变压器分接头为 13 档，其余 5 台换流变压器分接头均为 14 档。

【原因分析】综合现场检查情况，分析判断本次故障原因为该换流变压器分接开关温度继电器动作闭锁分接开关控制回路。分接开关顶盖上的铂电阻温度传感器接线盒密封硅脂涂抹过多，硅脂热熔而污染电路板，造成电阻跳变，对应温度超出正常范围（常开接点大于−25℃闭合，常闭接点大于125℃打开，两个接点串接在控制回路）。由于当时温度显示134℃，常闭接点打开，导致分接头控制回路闭锁。

【整改措施及建议】①加强施工工艺验收管控，防止硅脂的涂抹量超出标准值，造成热熔后发生异常；②待设备停电后对其余换流变压器进行同类问题排查；③对温度传感器回路进行完善，将该型号分接开关油室温度及温度告警上传至后台；④加强对分接头跟踪监视并关注换流变压器油色谱数据。

案例30：某换流站极Ⅰ换流变压器分接开关凸轮开关端子松动

【故障描述】某换流站换流变压器试验中，当A、C相分接头上升到10档，B相分接头上升到9档时，出现"换流变压器分接头未同步"报警。

【原因分析】经现场检查及试验，初步判断此处故障是由凸轮限位开关S12和S11接点端子松动引起的。凸轮开关S12、S11位于机构箱顶部，最靠近分接头连杆，分接头动作时振动较大，在分接头多次动作后极有可能导致S12和S11接点的端子松动，如图3-42所示。

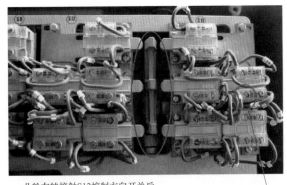

凸轮左转接触S12控制方向开关后，K2停止励磁

S11:73端子

图3-42 凸轮左转接触器运行情况

【整改措施及建议】现场紧固K2励磁回路中S12（67-68）端子和S11（73-74）的73端子。紧固后，再次试验分接头就地和远方上行操作均正常。建议在未来的停电检修时加强对各处端子的紧固检查。

案例31：某换流站极Ⅱ换流变压器分接开关调压机构卡涩

【故障描述】某换流站运行过程中，后台OWS报"P2 B相有载分接开关电机保护报警""分接头未同步"信息。现场及OWS后台检查发现，除该换流变压器分接头档位处于24档外，其他11台换流变压器分接头档位均在25档。

【原因分析】现场检查发现，有载分接开关电机保护电源Q1处于分闸位置，继电器K1及升档继电器K2处于吸合状态，调压电机保护时间继电器K601动作，其他未见明显异常。现场检查换流变压器有载分接开关机械部分有卡涩痕迹（见图3-43），可能是由于调压机构卡涩导致档位不能调节，经过延时后跳开Q1。综上分析，故障原因是调压机构卡涩导致档位不一致。

【整改措施及建议】①继续观察，再次发生异常时及时处理；②对该换流变有载分接开关进行大修，列入年检计划。

图 3-43 调压机构卡涩部位

案例 32：某换流站极 Ⅱ 换流变压器分接开关短接片安装不规范

【故障描述】某换流站极 Ⅱ 换流变压器在正常档位调节中，准同步失败，造成 A、B、C 三相不同步，运检人员对 A 相有载分接开关进行远方、就地操作，有载分接开关档位动作均异常，最终导致 A 相有载分接开关维持在 15 档，B、C 相档位维持在 8 档。在换流变压器停电后，将有载分接开关远方/就地把手放至就地位置，升档操作功能正常，降档操作时档位有时上升，有时下降，无固定规律。

【原因分析】在断开有载分接开关电动机构箱远方升档、降档命令端子 X10、X11 后，有载分接开关升降档动作正常，初步判定有载分接开关操作机构正常。合上有载分接开关机构箱 X10、X11 端子后，断开极控 A、极控 B 系统中该换流变压器有载分接开关远方升降命令出口端子，开关动作异常。

现场检查有载分接开关同步器，同步器接线正确，动作正常。在该换流变压器本体端子箱拆除有载分接开关远方升降中间继电器 KA1 接线，有载分接开关就地操作动作异常，初步判定故障区域为本体端子箱 KA1 继电器出口至有载调压机构箱。该处端子牌 X4：23 与 X4：24 采用短接片短接，X4：25 与 X4：26 采用短接片短接。使用 500V 绝缘电阻表对继电器 KA1 接线绝缘进行检查，发现相对地绝缘正常，X4：24 与 X4：25 相间绝缘为 0，观察发现短接片之间存在放电迹象，如图 3-44 所示。取下后发现该短接片采用多孔短接片剪切加工而成，顶部两端均有裸露铜片，如图 3-45 所示。由于两短接片安装位置紧密相连，顶端裸露铜片存在连接点，造成升降档动作命令串扰，分接头动作错误。将短接片更换为短接线后，有载分接开关远方、就地动作均恢复正常。

短接片安装间隔非常接近

图 3-44 短接片安装位置

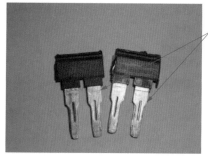
短接片顶端裸露铜片

图 3-45 短接片裸露情况

【整改措施及建议】①检查全站所有机构箱、端子箱内的短接片，更换同型短接片；②组织开展该厂家有载分接开关培训，提高设备事故应急处理能力。

3.4.2 控制回路故障导致开关滑档故障案例分析

1. 凸轮开关故障导致分接开关滑档

案例33：某换流站极Ⅰ换流变压器分接开关凸轮开关接点故障

【故障描述】运行过程中，某换流站极Ⅰ低端换流变压器分接头不同步告警，极Ⅰ低端A相换流变压器分接头为1档，其余为23档。30min后，换流变压器磁饱和保护一段告警，45min后换流变压器磁饱和保护二段告警，电流积分值继续上升并接近跳闸定值。

【原因分析】现场开展控制回路检查，将远方就地选择开关S1切换至就地位置，通过就地升降控制开关S2就地操作分接头发现：执行上升操作，分接头直接从1档上升到29档；执行下降操作，分接头直接从29档下降到1档。排除控制系统软件、I/O输出板卡故障，确认故障点在分接头控制柜的内部。

检查延时继电器K6的时间设定正确（设定为16s），对时间继电器施加220V电源进行验证，时间继电器正确动作，如图3-46所示。

分接头启动后直接升高到最高档或降低到最低档，说明K2和K3接触器持续励磁。将分接头控制回路电源、电机电源断开，手动摇动分接头，测量凸轮开关S11(1，2)的通断，测量结果表明凸轮开关S11(1，2)在

图3-46 延时继电器K6验证正常

电机转动的25圈内持续导通，从而形成自保持回路。将分接头控制回路电源、电机电源断开，手动摇动分接头，测量凸轮开关S12(1，2)和S12(3，4)的通断，测量结果无异常，符合分接开关步进图。由此可知，故障原因为凸轮开关的1-2接点故障，一直闭合导通，导致降档接触器K3持续励磁，分接头档位持续下降到1档。

【整改措施及建议】现场更换凸轮开关S11，对极Ⅰ换流变压器分接头功能进行测试，从1档调节至29档，从29档调节至1档，分接头调节功能正常。建议如下：①凸轮开关S11或S12相关元件故障，会导致分接头连续升档或降档，建议定期开展凸轮开关的隐患排查；②凸轮开关S11、S12等接点在控制柜顶部或机构中间，空间狭小，机构内部连接精密，检查及更换处理比较困难，需要较长的作业时间。建议停电对控制柜内S11、S12等凸轮开关进行检查处理。

2. 行程开关故障导致分接开关滑档

案例34：某换流站极Ⅱ换流变压器分接开关行程开关故障

【故障描述】某换流站年度检修期间，对极Ⅱ高端6台换流变压器分接开关进行远方操作，当分接开关由16档切换至17档时，后台显示某换流变压器分接开关由16档直接切换至24档，其余换流变压器档位后台显示正常。检修人员随即对该换流变压器分接开关实际档位进行检查，发现操作机构箱内档位及油室顶部档位均显示为24档，出现滑档故障。

【原因分析】故障发生后，检修人员现场将其操作机构由"远方"切换至"就地"，现场调试发现：①只有在升档操作时，滑档故障才会出现，而降档操作时未出现滑档故障；②滑档发生档位及终止档位是随机的，无固定规律。

经现场检查和分析，确认分接开关操作机构箱内凸轮开关S11及滑档保护时间继电器K601出现故障，如图3-47所示。现场对故障元器件进行更换后，滑档故障消失，分接开关调档正常。由于S11损坏后，触点S11(1，2)不稳定，动作顺序出现偏差，在操作机构旋转24～25圈时，触点S12(3，4)断开，但此时触点S11(1，2)错误接通，导致电机未失电继续运转，操作机构直接进入下一级调档操作。同时由于滑档保护时间继电器K601也损坏，无法使主回路保护电源Q1跳闸，使滑档故障持续下去。由于每级调档，触点S11(1，2)都会周期性地接通和断开。一旦触点S11(1，2)正确动作，调档操作将会停止，因此，滑档故障发生档位及终止档位是随机的。

(a)凸轮开关S11   (b)滑档保护时间继电器K601

图3-47　凸轮开关及滑档保护时间继电器

同时，凸轮开关S11是通过机械传动控制接点通断的。该开关只在向某一个方向转动时才会出现触点S11(1，2)通断不稳定的现象，而向另一个方向转动时触点S11(1，2)通断正常。所以，该换流变压器分接开关只有在升档时才会出现滑档故障。

【整改措施及建议】①对该站换流变压器分接开关操作机构的元器件进行全面排查，更换不合格或存在隐患的元器件；②加强换流变压器分接开关运行监视，年度检修期间对分接开关元操作机构的器件进行专项检查；③梳理备品备件，制定预案并做好应急处置措施。

3.5　分接开关非电量保护故障

非电量保护装置对于降低分接开关故障概率及故障危害程度具有重要作用，但非电量保护设定不当则会引发误报警或设备故障等问题。

3.5.1　油流继电器故障导致分接开关跳闸故障案例分析

案例35：某换流站极Ⅰ换流变压器分接开关油流继电器故障

【故障描述】某直流输电系统极Ⅰ执行金属转大地回线运行过程中，极Ⅰ直流系统发

C 相换流变压器有载分接开关油流继电器跳闸信号。极Ⅰ换流变压器进线开关跳开并锁定，无功控制退出交流滤波器，安全稳定装置动作。

【原因分析】按照设备技术文件，该型号继电器应在油流速达到 3.0m/s±15% 时动作，但将该油流继电器拆卸后送检发现，当油流速达到 0.20m/s 时，继电器即动作发出跳闸信号。

本次故障是在极Ⅰ由金属回线向大地回线转换过程中，电量突然增加，加之该气体继电器定值偏移，导致该相换流变压器分接开关油流继电器误动。会同厂家对继电器进行拆解，对内部结构进行检查后，发现该油流继电器档板整定磁铁失效，导致档板整定值降低。

经综合检测分析，故障原因可能是：该磁铁为圆环形状，通过螺栓固定，在厂内安装时对螺栓固定力矩控制不当，出厂时磁铁已经受损，如图 3-48 所示。同时，在运行中受变压器振动和变压器油热胀冷缩的共同作用，导致磁铁碎裂、吸力下降。

【整改措施及建议】①对发生油流继电器动作的换流变压器分接开关进行吊芯检查；②将极Ⅰ的全部油流继电器拆除，进行校验合格后再行复装、传动和送电。

图 3-48 油流继电器磁铁损坏

案例 36：某 220kV 变电站 1 号主变压器分接开关油流继电器进水

【故障描述】某 220kV 变电站 1 号主变压器非电量保护装置显示该主变压器有载分接开关重瓦斯动作事件信号，有载分接开关重瓦斯动作灯亮，有载分接开关重瓦斯动作。1 号主变压器三侧断路器跳闸，35kV 母线分段备用电源自动投入装置正确动作。

【原因分析】经现场检查发现，有载分接开关气体继电器二次电缆经走线槽到达变压器顶盖后，从走线槽至有载分接开关油流继电器接线盒之间采用金属波纹护套对二次电缆进行保护，护套总长度约 50cm。走线槽与有载分接开关油流继电器接线盒之间有近 20cm 落差，其间二次电缆做有滴水弯，滴水弯与油流继电器接线盒之间有近 10cm 高度差，如图 3-49 所示。

检查发现，该电缆护套在走线槽起始处存在明显锈蚀破损。由于当时天气持续暴雨，导致雨水从破损处进入护套内，在护套滴水弯处积累过多（超过 10cm 高度差）而进入油流继电器接线盒内，使跳闸接线端子之间短路，引起跳闸。

图 3-49 油流继电器安装位置

根据保护动作及油流继电器检查情况来看，此次故障跳闸应为油流继电器进水，积水导致重瓦斯跳闸接点短路。

【整改措施及建议】①开展在运变压器二次电缆走向、走线槽和电缆护套外观检查，对类似结构的列入隐患处理，并考虑停电整改；②加强基建阶段的监督验收工作，规范二次电缆的走向、就地非电量保护装置的现场布局；③加强在运变压器的非电量保护装置、电缆的防雨防潮排查工作，必要时加装防雨措施；④在二次电缆护套最低点开滴水孔，总结形成反事故措施要求，列入日常运维检修工作。

案例 37：某变电站 2 号主变压器分接开关油流继电器整定值过低

【故障描述】某变电站 2 号主变压器有载分接开关档位由 6 档调整为 5 档过程中，开关重瓦斯动作，主变压器三侧断路器跳闸。该主变压器跳闸前，与 1 号主变压器并列运行，运行正常。故障录波显示跳闸前 A、B、C 三相各侧电流为负荷电流，跳闸后均变为零，无故障电流。

【原因分析】主变压器本体油色谱正常，绕组直流电阻正常，说明主变压器本体无故障。现场检查发现，有载分接开关的油流继电器动作流速设计值应为 3m/s，而油流继电器实际流速被整定为 0.96m/s，远小于设计值，造成继电器动作灵敏性过高，正常范围内的开关切换拉弧就可能导致继电器动作。

该有载分接开关已运行 5 年零 6 个月，动作次数为 131 次，运行维护均满足有关标准要求。经现场试验，除奇数档切换开关可能因触头氧化而触电阻偏大外，其余指标均正常，说明此次导致跳闸的开关切换动作产生的电弧能量应该在正常范围。

综上所述，本次跳闸事故的原因是由于设备制造厂设备技术文件不规范引起的有载分接开关整定值远低于设计要求值，油流继电器过于灵敏，导致正常的开关切换动作拉弧引起继电器动作及设备跳闸。

【整改措施及建议】①对有载分接开关切换触头进行擦拭与清洗，测试合格后重新安装。②建议设备厂家出具正式函件确切说明该型号有载分接开关配备的油流继电器油流速整定值。为保尽快恢复送电，在厂家正式回复前，暂参考 DL/T 540—2013《气体继电器校验规程》和变压器厂技术条件要求，略微调节油流继电器流速整定值到 1.05m/s，经校验合格后装入原变压器。③建议对全省变电站同类有载分接开关的油流继电器整定情况进行排查，重点查阅校验报告，若存在隐患则安排计划停电进行整改。

3.5.2 气体继电器故障导致分接开关跳闸故障案例分析

案例 38：某 220kV 变电站 2 号主变压器分接开关重气体继电器整定值过低

【故障描述】某 220kV 变电站 2 号主变压器有载重瓦斯保护动作，变电站 2C70 线路开关、母联 2700 开关极 2 号主变压器 502 开关、02B、02A 开关跳闸。

【原因分析】在运有载分接开关气体继电器分为国产气体继电器和进口气体继电器，国产有载分接开关均配备国产 QJ-25 型气体继电器。对于国产气体继电器，根据 DL/T 540—2013《气体继电器校验规程》，其重瓦斯动作流速由有载开关厂家确定，而国产 QJ-

25 型气体继电器的流速整定值全部按照原标准的规定设计为 1.0m/s，并没有对不同容量的变压器和不同型号的有载开关加以区分。而进口或合资厂生产的有载分接开关一般配备进口（合资）气体继电器，而且在其有载分接开关选型导则里也明确提出不同型号有载分接开关配备的气体继电器重瓦斯流速整定值是不同的。近年来，变压器单台容量也呈增长趋势，对于 220kV 变压器来说，2006 年以前新投变压器基本以单台 120MVA 为主，少量为 150MVA；2008 年以后，开始大量出现单台 180MVA 变压器；2011 年以后，新投变压器以单台 180MVA 为主，甚至出现单台 240MVA 变压器。对于这种高电压、大容量变压器所配备的油中熄弧有载分接开关，即使是正常的切换，其电弧能量产生油流涌动要比低电压、小容量变压器有载分接开关大得多，如果继续沿用 1.0m/s 重瓦斯动作整定标准，很可能造成有载分接开关在正常的切换过程中发生重瓦斯误动作。

【整改措施及建议】国产有载分接开关气体继电器重瓦斯动作流速整定值对不同容量的变压器和不同型号的有载开关加以区分。

案例 39：某变电站 3 号主变压器分接开关气体继电器进水

【故障描述】某变电站后台报 3 号主变压器有载分接开关重瓦斯动作，3 号主变压器三侧开关跳开，现场运行人员现场检查发现主变压器 RCS-974 非电量保护装置显示"有载重瓦斯动作"，主变压器故障录波器启动。

【原因分析】现场检查发现 C 相有载分接开关重瓦斯继电器接线盒内有积水，重瓦斯继电器上部密封盖上有裂纹，螺丝下的垫圈老化开裂，继电器安装过程中进行穿缆但未设置滴水弯，导致雨水进入 C 相开关重瓦斯继电器接线盒，如图 3-50 所示。

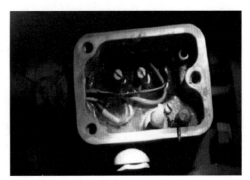

(a)侧视图   (b)俯视图

图 3-50 重瓦斯继电器接线盒内积水

随后，取主变压器分接开关的油样进行化验，结果正常。检查二次电缆绝缘，带电测试正极对地电压只有 30V，将有载分接开关瓦斯继电器接线盒内二次线拆除，再次带电测试正极对地电压恢复为 111V。

结合现场检查情况，分析认为此次 3 号主变压器有载分接开关重瓦斯保护误动的原因是重瓦斯继电器上部密封盖密封失效，进水短路后导致 RCS-974 非电量保护装置出口动作。

【整改措施及建议】这次故障是因为对排查出的缺少重瓦斯继电器防雨罩的主变压器，没有及时整改，故有建议如下：①安排对存在同类隐患的主变压器加重瓦斯继电器防雨罩；②对所有电缆沟、端子箱、机构箱、汇控柜、重瓦斯继电器防雨防潮、防渗漏情况进行一次全面检查，疏排积水，填堵漏洞；③端子箱、机构箱、汇控柜要定期干燥通风，确保内部设备及线缆绝缘良好。

3.5.3　压力释放阀误动作故障案例分析

案例 40：某变电站 1 号主变压器分接开关压力释放阀整定值过低

【故障描述】某地调控中心监控班发现某 220kV 变电站 1 号主变压器发出有载调压压力释放信号，随即通知运维、检修班组到现场查看。

【原因分析】经现场试验判断主变压器和有载分接开关的本体及二次回路均正常，内部未发生任何故障，有载分接开关本身也没有问题。经检查，开关压力释放阀开启压力配置为 85kPa，不符合标准规定的不小于 130kPa 的要求，设置裕度不足，在正常的切换电弧能量下内部压力升高可能造成压力释放阀误动作。

【整改措施及建议】由于防爆膜和压力释放阀均属于压力释放装置，所起的保护作用相同，所以取消压力释放阀、仅保留防爆膜的配置就可以满足有载分接开关过压力保护的要求。要求设备厂家生产 6 套不带压力释放阀的头盖，并配合完成现场停电更换。建议充分考虑开关切换时的动作压力和最高油位产生的静压的综合作用，合理配置压力释放阀开启压力。

3.5.4　安装不当导致轻瓦斯动作案例分析

案例 41：某换流站极Ⅱ换流变压器有载分接开关安装不当

【故障描述】某换流站开展换流变压器分接头试验过程中，极Ⅱ某换流变压器有载分接开关轻瓦斯保护动作，45min 后另一相有载分接开关轻瓦斯保护动作，6h 后最后一相有载分接开关轻瓦斯保护动作，排查发现开关的气体继电器内有气体。

【原因分析】对上述 3 台换流变压器开关油室内的油和气体继电器内的气体进行取样送检，油样乙炔含量为 0。对全站换流变压器开关进行排气，排气过程中发现 3 台气体继电器动作的开关仍然有气体排出。经过调查分析，认定轻瓦斯动作的原因为：该站换流变压器分接开关更换表盘时，滤油机散热器内的绝缘油未能充分静置排气，分接开关动作时滤油机持续工作，油面上部空气聚集，导致轻瓦斯动作。

【整改措施及建议】对全站换流变压器进行二次排气，排气过程中无气体排出。放气后，该站换流变压器正常投运。

第 4 章

基于振动信号的分接开关在线监测诊断技术

振动声学在线监测技术相对成熟，其应用范围也相对较广，可用于变压器、分接开关或其他变电设备的机械缺陷及故障的监测诊断。本章梳理了变压器及分接开关的振动机理、振动监测原理，分析了分接开关结构型式对振动监测的影响，介绍了较为常用的分接开关振动监测诊断系统构架及故障诊断方法，并以某换流变压器为应用对象，介绍了系统的应用情况及应用效果。

4.1 分接开关振动监测诊断原理

4.1.1 变压器振动机理

变压器在电机学中可归类于静止电机，但在运行情况下其组部件会产生一定频率的振动。变压器内部绕组、铁芯产生的振动信号频率通常为100Hz，且掺杂少量高次谐波；有载分接开关动作时，产生的振动频率属于高频振动（kHz量级），其远大于绕组、铁芯产生的频率；风扇及由周边噪声等因素造成的振动信号频率远小于绕组、铁芯产生的频率，且其振动幅值偏小。

变压器组部件振动均可通过空气、变压器油、钢铁等材料传播，即变压器绕组、铁芯、分接开关及冷却装置等产生的振动，将会经过各种传播介质向变压器器身传播，图 4-1所示为变压器主要部件振动信号的传播途径。

根据图 4-1 所示的传播路径，可以发现：

（1）变压器绕组、铁芯引起的振动主要通过变压器油箱内部的绝缘油为媒介传向油箱。

（2）绕组、铁芯二者产生的振动相互作用，绕组产生的振动可借助铁芯传向油箱，铁芯产生的振动也可借助绕组－变压器油为媒介传向油箱。

（3）铁芯因磁滞伸缩影响导致的振动，其传播路径较多，可通过内部变压器油、外部垫脚、紧固螺栓等传到油箱。

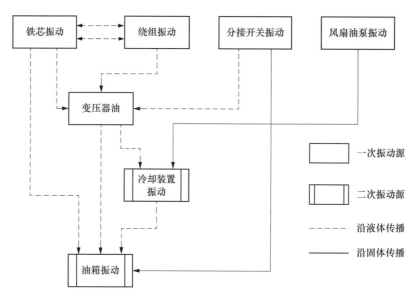

图 4-1 变压器组部件振动信号传播路径

（4）分接开关的振动可通过变压器油或头盖等支撑固定部件两种途径传向变压器油箱。

（5）变压器冷却装置的振动一般可通过支撑单元将振动传向油箱。

借助于变压器油和支撑单元等媒介，变压器本体振动和分接开关、冷却装置产生的振动均可导致变压器油箱产生振动现象。早期针对变压器振动监测的相关研究主要集中在变压器本体，即绕组和铁芯的振动上，基本思路是通过安装在变压器箱壁上的加速度传感器获得不同方向的变压器振动信号，通过适用的信号处理手段，依据相关原理，对监测振动信号进行合成、分解、滤波等一系列处理，得到反映变压器运行状态的特征信息，从而判断变压器的健康状态。这一方法的主要优点是通过非介入式的监测手段获得变压器的运行信息并进行分析，可以在不干扰变压器正常运行的情况下得到丰富的运行信息，因此有利于实现变压器的连续在线监测。

这方面的理论研究已经积累了一定的成果，并开展了相关的实用化研究，但是在线监测得到的数据信息的处理应用方面还缺乏运行数据的支撑，从理论成果转化为实用价值仍需要开展相关研究工作。

通过相关研究可知，变压器的本体振动主要为规律性的周期振动，主要成分为频率为 100Hz 的低幅值振动，另外还包含一定量的偶然性成分，即噪声。而对于有载调压变压器，有载分接开关跟变压器本体紧密连接在一起，通过监测变压器振动信号的方法同样可以得到有载分接开关的振动信息。根据原理分析可知，有载调压变压器分接头进行调档操作时，有载分接开关的弹簧系统通过驱动电机带动进行储能，过临界点带动触头组的动、静触头瞬时分离接触，产生幅值较高的脉冲冲击振动信号，并通过静触头或变压器油传递到接线端子再到变压器箱壁，或直接通过变压器油传递到变压器箱壁，通过安装于变压器箱壁上的振动传感器可监测到有载分接开关调档动作的振动信号。有载分接开关驱动电机为调档切换提供动力，调档过程中驱动电机稳定输出为弹簧机构储能，而当有载分接开关切换过程中出现卡涩或弹簧性能发生大的变化，驱动电机的驱动力矩将发生变化，从而导致驱动电机电流信号发生变化。因此，通过监测有载分接开关调档操作的振动信号作为主要信息，以调档过程中驱动电机电流信号作为辅助信号，以有载分接开关调档动作的各次事件的时序分散性的范围为主要参照依据，可以关联分析有载分接开关的运行状态。

4.1.2　有载分接开关振动监测原理

有载分接开关的切换机构一般都由弹簧机构带动动触头组完成切换动作，驱动电机为弹簧机构储能提供动力，即驱动电机电流通过对弹簧机构的稳定功率输出，完成切换动作能量的储备，随之弹簧机构通过瞬间释放带动切换开关完成调档操作。

有载分接开关切换时，动、静触头接触、分离的过程产生脉冲冲击力进而产生振动信号，并通过变压器内部的接线端子和绝缘油传递至变压器侧壁，安装于合适位置的振动加速度传感器可获得振动信号。通过振动传感器可采集到有载分接开关调档过程中产生的切换脉冲及其他相对频率较低、幅值较低的振动噪声混合而成的振动信号，信号的主成分为切换振动脉冲。一次完整的调档操作形成的振动信号包含关联有载分接开关运行状态的丰富信息，正常运行状态与异常、故障运行状态体现在振动信号中具有明显差异的特征信息。通过对这些特征信息的提取分析，可关联分析并相对准确地判断有载分接开关的运行状态，一般有载分接开关振动监测可与电动机构的电流监测配合使用。

有载调压变压器在带负载调节变压器变比的过程中通过电动机构的驱动电机为弹簧切换机构提供能量以完成操作，正常切换过程中，驱动电机稳定输出功率，电流大小变化过程具有特定的规律，同一型号有载分接开关的驱动电流相互之间可以验证比较，判断电流的正常与否。通过分析可知，通过对切换过程中电流信号的监测可得到其动作过程的电流信号，正常动作时，其信号波形符合特定的规律，而若切换过程异常或有载分接开关发生故障，则电机的驱动力矩发生变化，驱动电流波形也将随之变化，表征完全不同的特征信息。通过监测分析系统，可监测得到驱动电机电流信号和档位调节振动信号。因此，在有载分接开关调档过程中，通过监测有载分接开关调档的振动信号，并结合同时窗的驱动电机电流信号，可提取反映有载分接开关运行状态的特征信息。

对应于有载分接开关调档操作的不同阶段，驱动电机电流信号和有载分接开关振动信号体现不同的特征波形。

（1）有载分接开关启动阶段。驱动电机带弹簧负载启动，有一个明显的尖峰启动电流，其值为驱动电机正常电流的 2 倍以上，此阶段振动信号为少量变压器本体振动，频率、幅值都较低。

（2）弹簧储能阶段，驱动机构带动传动杆稳定输出功率，拉伸或压缩弹簧为弹簧储能。这一阶段，驱动电机稳定输出功率，电流信号平缓稳定，监测到的振动信号主要为传动机构振动、驱动电机振动及变压器本体振动，振动信号幅值较低。

（3）开关切换阶段，驱动电机电流信号无明显变化，振动信号为一簇幅值突然增大数十倍的尖峰脉冲，持续时间根据有载分接开关的型号不同为 40～200ms。

（4）有载分接开关制动器动作阶段，驱动电机电流信号及振动信号迅速衰减至零值。

（5）若有载分接开关发生触头磨损严重、驱动机构润滑不足、弹簧断裂等异常或故障时，各个阶段的振动信号波形将发生明显的变化。通过有载分接开关切换动作过程中的驱动电机电流信号和振动信号中包含信息的提取，可关联分析有载分接开关切换动作过程中正常运行、异常运行及故障状态。

4.1.3 有载分接开关结构对振动监测的影响

通过对有载分接开关机械机构及动作过程的分析可知，不同类型的有载分接开关动作机理不同，因此对于采集到的振动信号和辅助驱动电机电流信号的分析处理也应基于不同的机械结构加以区分，正确地反映设备的运行状态。

组合式有载分接开关的分接选择器和切换开关是两个独立的部分，动作过程中电动机构通过星形间歇槽轮驱动分接选择器预先接通将要调档位置的分接头，同时带动弹簧机构完成储能；弹簧储能完成后过临界点迅速释放，带动触头系统切换到分接选择器接通回路的档位，完成一次动作。通过分析其结构可知，组合式有载分接开关只有两组静触头，一组接通运行中的档位回路，调档时，驱动机构带动间歇槽轮先接通预调的档位，然后切换开关完成切换，动触头组切换至另一组静触头位置；下次调档时，未接通的静触头组则完成预调档位的接通，动触头组则切换到相应的回路分接头位置，完成切换，切换开关如此来回往复，进行有载分接开关的档位调节操作。虽然组合式有载分接开关的切换开关分为滚转式、摆杆式、杠杆式、凸轮对开式等形式，但其切换过程都遵循上述分析过程，因此可以基于同样的原理进行分析。有载分接开关弹簧储能阶段，振动信号中的主成分为驱动连接机构带动弹簧储能形成的振动，弹簧释放能量带动切换开关完成动作的过程中，主要振动成分为切换操作引起的脉冲冲击信号。通过分析组合式有载分接开关切换过程可知，有载分接开关一次完整的切换过程中，动触头组经历与原接通静触头的分离、与两个过渡电阻触头的先后接触碰撞与分离、与预接通静触头组的接触碰撞等一系列过程，而这些动作中都将产生幅值各异的脉冲信号，这些脉冲信号组成一簇数十毫秒内数个尖峰的脉冲簇形成切换动作的切换振动信号，应用有载分接开关振动信号处理过程中应基于其振动信号产生的来源分析其特征信息，明确不同的特征波形代表的意义与有载分接开关运行状态的关系。因此，对监测得到的组合式有载分接开关切换动作振动信号和驱动电机电流信号处理应用时，不仅同台设备的相同档位调节可进行纵向分析，而且同台设备的奇数次档位调节振动监测数据间、偶数次档位调节振动监测数据间也存在很强的关联性信息。

复合式有载分接开关切换与选择功能合一，构成选择开关，分接抽头接线已根据档位变换变比接至变压器绕组。每次档位调节时，动触头接通的档位都是特定的已接通好的对应静触头，因此每组静触头跟不同档位调节存在一一对应的关系，对其振动信号和驱动电机电流信号的监测数据分析应用也应区别不同档位，并基于其特定的结构与组合式有载分接开关的监测数据分析应用区别对待。根据组合式有载分接开关切换动作过程分析可知，复合式有载分接开关切换动作形成的脉冲信号簇中每个尖峰代表的意义应基于其切换原理进行对应的分析，而不能一概而论，简单地归类比较分析。

另外，组合式有载分接开关和复合式有载分接开关根据其型号的不同，过渡电阻数也有不同，从而导致其对应的过渡触头数也将不同，通常的过渡电阻数有双电阻、四电阻、八电阻等。因此，切换过程中将产生不同次数的冲击振动脉冲，对应的切换动作波形也将有较大的区别，应根据其机械结构加以区别分析。

4.2 分接开关振动监测诊断系统

4.2.1 分接开关振动监测系统构架

分接开关振动监测系统一般由加速度传感器、电流传感器、采集主机、后台服务器及分析软件组成。通过在变压器油箱壁、分接开关头盖等位置安装加速度传感器测量分接开关操作期间变压器的振动情况，在电动机构安装电流传感器测量驱动电机电流变化曲线，由采集系统采集后上传至后台服务器，完成数据分析，从而判断分接开关的机械状况。其系统架构、系统界面及分析过程如图 4-2 所示。

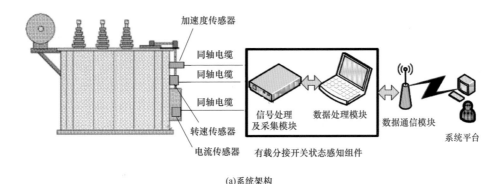

(a)系统架构

图 4-2 分接开关振动声学监测诊断系统（一）

(b)系统界面

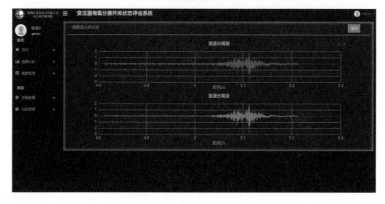

(c)分析过程

图 4-2　分接开关振动声学监测诊断系统（二）

市面上的分接开关振动监测系统已较为成熟，其系统结构一般如图 4-2 所示，其功能大致相同，主要区别在于振动信号处理和诊断方法中采用不同数据处理方法达到分接开关故障类型识别的目的。

以 MR 公司生产的 MSENSE® VAM 系统为例，其以振动声学测量系统为基础，具有极高的分辨率，可用于分析有载分接开关切换顺序中产生的振动。MSENSE® VAM 振动声学监测系统结构如图 4-3 所示。该系统可利用各种数学方法，基于切换顺序中测得的振动波形生成包络曲线。随后，可通过动态限值曲线对这些包络曲线进行评估，动态限值曲线采用自动学习算法，可更加接近每个切换顺序的包络曲线。这种测量可以识别出影响分接变换切换顺序的操作时间偏差和机械不一致性。在切换过程中，通过有载分接开关头盖上的振动声学传感器记录振动，运用多级数学运算创建包络曲线，通过自动学习限值曲线不断进行调整，若超出限值则发出提示消息，数据通过网络传输至 MR 公司，完成分接开关故障诊断。该系统具有以下特点：

（1）快速执行。适用于所有有载分接开关，可轻松改造并在有载分接开关切换期间记录振动声学信号；采用自动学习算法，逐步提升诊断精度；具备自动触发功能，出现异常时创建事件消息；存储包络曲线和原始数据，方便后期研究应用；根据切换信息分类存储管理（取决于切换方向和分接位置）；只需上传生成的数据即可获得详细分析、解释以及 MR 专家提供的建议措施。

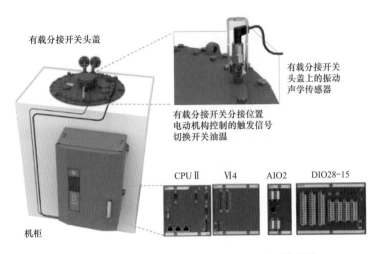

有载分接开关头盖

有载分接开关头盖上的振动声学传感器

有载分接开关分接位置电动机构控制的触发信号切换开关油温

CPU Ⅱ　　Ⅵ4　　AIO2　　DIO28-15

机柜

图 4-3　MSENSE® VAM 振动声学监测系统结构

（2）提高操作安全性并实现成本优化。该系统属于首个振动声学监测在线解决方案，可提前警告以其他方式无法检测到的故障，同时，系统采用的自动学习算法可确保轻松集成到任何变压器和有载分接开关中。MR 公司提供的可选详细分析功能可找出可能的原因并提供避免事故发生的明确建议，可与 MR 公司其他 ETOS® 模块灵活组合，形成一整套智能系统解决方案。

该系统在现场的应用实例如图 4-4 所示，其在分接开关切换过程中的监测曲线如图4-5所示。

4.2.2　有载分接开关故障诊断方法

有载分接开关机械故障诊断方法主要包括振动信号分析技术和状态诊断技术两方面，其中振动信号分析技术包括有载分接开关振动信号的降噪、包络提取、特征提取等。基于在分析有载分接开关振动信号时使用的主要技术手段，将已有的有载分接开关振动信号处理技术分为傅里叶分析、小波分析、模态分析和其他技术四大类。

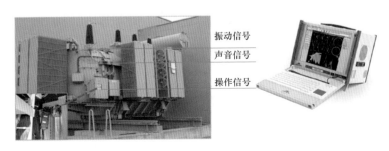

振动信号

声音信号

操作信号

图 4-4　MSENSE® VAM 系统现场应用案例

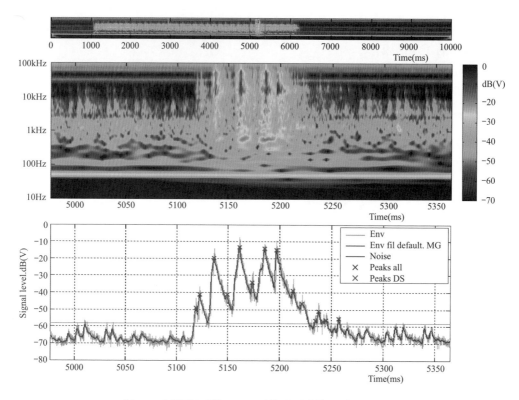

图 4-5　MSENSE® VAM 系统监测分接开关切换曲线

1. 傅里叶分析

傅里叶分析指主要基于快速傅里叶变换的有载分接开关振动信号分析技术，目前有载分接开关振动信号商业分析仪器主要采用的技术，主要包括振动频域图谱分析和高低频包络一致性分析。

振动频域图谱分析是通过分析振动信号的频率分布图谱和振动信号在低频段（0～10kHz）、高频段（10～20kHz）的能量分布百分数来诊断有载分接开关的运行状态，表 4-1 给出了 V 型有载分接开关在六种不同状态下能量分布的变化。

表 4-1　　　　　　　　有载分接开关不同状态下的能量计算表及能量分布状态

能量	正常状态 触头	触头 磨损	输出电流 环变形	定触头 松动	触头 卡涩	触头支架 断裂
总能量	0.123	0.191	0.017	0.046	0.959	0.070
0～10kHz 能量	0.107	0.081	0.0085	0.027	0.921	0.067
10～20kHz 能量	0.015	0.109	0.0088	0.019	0.037	0.0025
0～10kHz 比例（%）	87.43	42.57	49.41	58.33	96.15	96.42
10～20kHz 比例（%）	12.56	57.42	50.59	41.67	3.85	3.58

由表 4-1 可见，有载分接开关在不同状态下的总能量及能量在不同频率区间的分布比例有显著的变化。高低频包络一致性分析是分布取高频和低频分量的包络（一般以 10kHz 划分高低频），对比高低频包络波形和幅值的一致性以诊断有载分接开关的状态。

傅里叶分析的计算效率较高，物理意义明确，相关的理论和应用较为成熟，但也存在一定的问题，如缺乏时间和频率的定位功能，难以反应频率随时间的变化行为，其时域和频域分辨率存在矛盾等。因此，在有载分接开关振动信号的分析中，傅里叶分析可以作为初步的分析手段，但在分析微弱故障特征和处理复杂噪声干扰时存在一定的不足。

2. 小波分析

小波分析是指基于小波变换的有载分接开关振动信号分析技术，在有载分接开关的振动信号分析中，小波变换在包络提取、脉冲端点提取、信号降噪、熵值特征提取等方面均有应用。

小波变换具有恒 Q 值性，在低频段和高频段具有不同的频域和时域分辨率，从而既观察信号的全貌又可以聚焦到信号的细节，通过选择或构建合适的基函数可以实现高效的微弱故障特征提取和降噪。但在有载分接开关振动信号分析中应用的小波分析较为简单，普遍选用了典型的小波基，难以较好地匹配有载分接开关振动信号中的微弱故障特征和噪声特征。提升小波、多小波等技术在有载分接开关振动信号中的应用值得深入研究。

3. 模态分析

模态分析是指基于经验模态分解（empirical mode decomposition，EMD）及其改进的集总经验模态分解（ensemble empirical mode decomposition，EEMD）、互补集总经验模态分解（complementary ensemble empirical mode decomposition，CEEMD）和新型模态分解技术——变分模态分解（variational mode decomposition，VMD）的有载分接开关振动信号分析技术。

模态分析技术是现代信息技术中处理非平稳非线性信号的重要手段，实现了信号的自适应分解，避免了小波分析中基函数选取的困难，目前主要用于有载分接开关振动信号的特征提取中，在有载分接开关振动信号的降噪处理中还较少涉及。其缺点在于模态分析的计算量较大，在目前的 PC 机中分析有载分接开关的动作信号存在秒级的延迟，且对于微弱故障特征的挖掘能力较弱于小波分析。

4. 其他技术

除上述分析手段外，在有载分接开关振动信号分析中使用较多的还有基于相空间重构技术的特征提取、基于功率谱密度的特征提取和基于 Savitzky-Golay 滤波器的包络提取。

在获得了有载分接开关振动信号的特征信息后，如何基于相关信息准确诊断有载分接开关的运行状态成为有载分接开关在线监测与诊断的关键和难点。理想的有载分接开关在线监测与振动系统应当具有一定的智能诊断功能，以实现大规模推广并方便现场应用。为了实现有载分接开关的智能诊断，国内外学者开展了大量的研究，相关研究工作集中在振动信号与其他信息的融合分析、基于故障样本库的诊断和基于正常样本的诊断三个方面。

（1）振动信号与其他信息的融合分析。单独分析有载分接开关的振动信号难以给出振动事件的准确解释，因此在诊断有载分接开关的状态时，除了凭借从有载分接开关的振动信号中提取的特征参量外，一般还需要融合一些其他的信息，主要有有载分接开关驱动电机电流信号和有载分接开关动作时产生的电弧信号。有载分接开关驱动电机电流信号包含了较为准确的有载分接开关启动和制动的时间信息，对于解释有载分接开关的振动信号具有重要价值。

（2）基于故障样本库的诊断。该类方法通过构建不同故障状态下的振动信号样本库，设计合适的智能算法，以诊断有载分接开关具体的故障类型。在实际工程中，不同型号的有载分接开关结构各有不同，振动信号存在较大差异，且有载分接开关各类故障样本的数据较难获得，难以建立普适的样本集，制约了该类方法的推广。

（3）基于正常样本的诊断。该类方法通过设计合适的智能算法比较待测振动信号与正常样本差异，以诊断有载分接开关运行状态的变化。由于该类方法仅需正常样本即可实现诊断，因此避免了难以建立有载分接开关状态样本库的困难，较有利于推广应用。其缺点是只能诊断有载分接开关状态的变化程度，无法识别具体的故障类型。

4.2.3 有载分接开关典型故障波形

当前，针对有载分接开关振动监测的研究较多，积累了大量的分接开关切换过程的振动数据。

图 4-6 为某有载分接开关由 1 档切换至 2 档时的振动信号波形。从图 4-6 中可以看出，箱壁测点 7 及测点 8 所测得的振动信号幅值较大，其余箱盖测点 1 至测点 6 相对较小。不同测点的振动波形中，波峰所出现的位置基本接近。

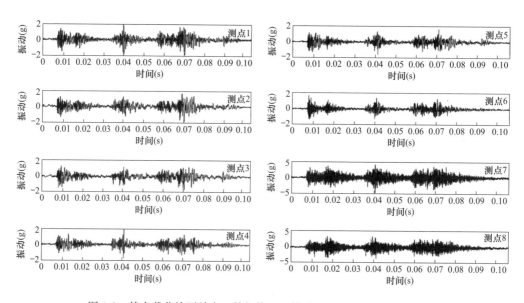

图 4-6 某有载分接开关由 1 档切换至 2 档时的振动信号（正常状态）

图 4-7 为某有载分接开关由 2 档切换至 3 档时的振动信号波形。

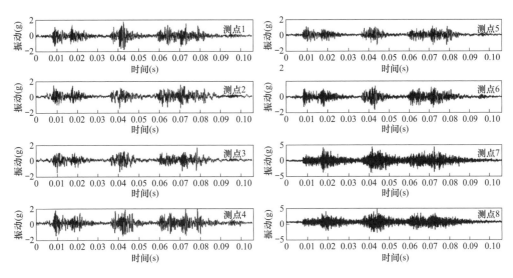

图 4-7　某有载分接开关由 2 档切换至 3 档时的振动信号（正常状态）

对比图 4-6 及图 4-7 可以发现，该有载分接开关由 2 档切换至 3 档和由 1 档切换至 2 档时所测得的振动波形存在一定差异，其中测点 6 波形幅值明显减小，其他波形的幅值及时间分布均存在一定差异。因此，可以总结得到有载分接开关振动信号如下：有载分接开关换档过程中的振动信号为含有多个脉冲成分的一维复杂时间序列，脉冲区域持续约 70ms。同时，有载分接开关复杂的内部结构使得不同位置振动信号的波形特征存在一定差异。其中，由于有载分接开关内部结构差异及受传动轴转动影响，有载分接开关箱壁 7、8 测点处的振动信号幅值明显大于有载分接开关顶盖测点 1～6 处的振动信号。以测点 2 处的振动信号为例，存在典型机械故障情况下的分接开关切换过程振动信号如图 4-8 所示。

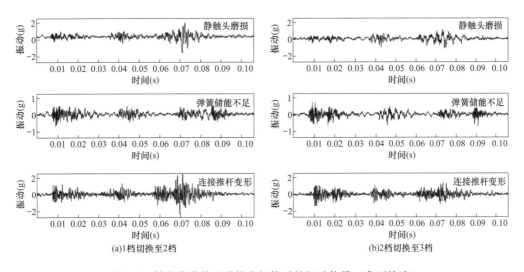

(a)1档切换至2档　　　　　　　　　　　　(b)2档切换至3档

图 4-8　某有载分接开关档位切换时的振动信号（典型故障）

有载分接开关在档位切换过程中的振动信号与开关本身的运行状况紧密相关，开关由正常状态发展到各类机械故障状态，有载分接开关振动特性发生改变，其振动信号在脉冲幅值或脉冲间隔上都出现了不同程度的变化。此外，对比有载分接开关在1档至2档和2档至3档切换过程中的振动信号可见，有载分接开关在奇偶与偶奇侧档位切换过程中的振动信号脉冲特征也存在明显差异。

同样，对于某换流变压器所使用的VRG型有载分接开关，正常及故障情况下的振动信号也存在明显差异，且奇数档切换和偶数档切换时的信号也呈现不同的特性，如图4-9所示。

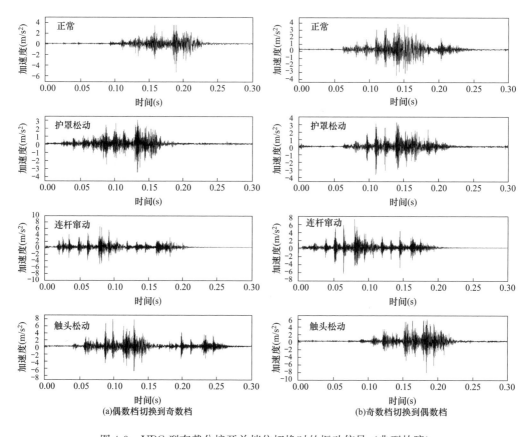

图4-9　VRG型有载分接开关档位切换时的振动信号（典型故障）

对比上述两种有载分接开关切换时的振动信号可以发现，两者存在一定差异。因此，为对有载分接开关的异常机械状态进行监测分析，可能需要结合不同型号有载分接开关的典型故障，形成基于振动信号的机械故障综合判据，同时寻求合理有效的有载分接开关振动信号分析方法，有效识别故障类型及故障档位。

4.3　分接开关振动监测诊断应用案例

采用变压器振动监测诊断系统对某换流变压器开展振动检测及机械故障诊断工作，换流变压器及诊断系统布置如图 4-10 所示。

利用振动加速度传感器、FLUKE I400S 电流传感器组成切换开关多元信息采集装置。传感器参数如表 4-2 所示。

选用 2 块 NI 9234 数据采集卡组成 8 通道数据采集装置，实现电流、振动和声音信号的采集，测点位置信息如表 4-3 所示，具体位置如图 4-11 所示。

试验过程中，相关试验参数及具体步骤如下：

（1）实验计划采集电流信号数据、振动信号数据及声压信号数据。

（2）实验使用采集装置：NI9234×2，24bit，共 2 张采集卡 7 个通道，采样率为 51.2kHz。

（3）7 个通道采集的信号依次为：CH1——电流信号、CH2——齿轮盖振动信号、CH3——顶盖振动信号、CH4——正面振动信号、CH5——侧面声压信号、CH6——正面声压信号、CH7——顶盖振动信号，如图 4-12 所示。

图 4-10 换流变压器及
诊断系统布置

（4）在所有分接头并联的条件下，按照最小档位→最大档位→最小档位顺序循环切换 2 次，记录 2 次切换过程的完整数据。

（5）对数据进行分析，找出切换过程中监测信号的特点。

表 4-2 电流和加速度传感器

电流传感器		加速度传感器	
型号	FLUKE I400S	型号	PCB 601M170
灵敏度	10mV/A	灵敏度	100mV/g
量程	40A	量程	±50g
频响	45～400Hz	频带	0.5～10000Hz
非线性度	2%+0.015A	非线性度	≤1%

表 4-3 电流和加速度传感器

测点编号	测点位置	传感器类型	型号
1	驱动电机电源线 B 相	电流	FLUKE I400S
2	分接开关顶部齿轮盒	振动	PCB 601M170
3	分接开关顶部接地螺丝附近	振动	PCB 601M170
4	油箱正面上部	振动	PCB 601M170
5	侧面	声压	—
6	正面声压	声压	—
7	分接开关顶部接地螺丝附近	振动	PCB

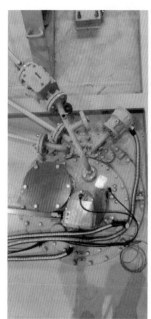

图 4-11 换流变压器振动声学监测点位置分布图

图 4-12 信号采集装置通道图

将换流变压器分接开关由 1 档切换至 2 档，7 个通道采集到的原始数据经 SG 滤波（savitzky golay filter）后的数据如图 4-13 所示，电流波形如图 4-14 所示。VRG 型有载分接开关驱动机构切换过程中电流幅值 3.91A，启动过程中的最大电流为 15.64A。

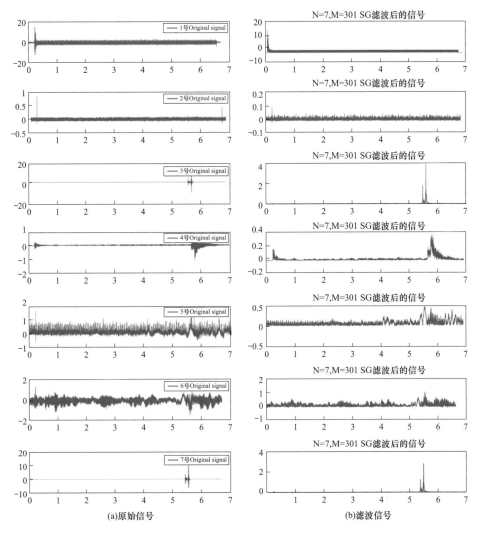

(a)原始信号　　　　　　　　　　　　(b)滤波信号

图 4-13　分接开关切换过程通道监测曲线（滤波信号）

　　分析 1 号通道的电流数据可知，切换启动时的电流为 13～16A，切换过程中的电流保持为 2～3A。

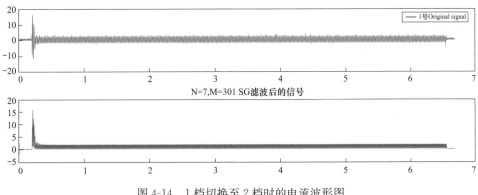

图 4-14　1 档切换至 2 档时的电流波形图

同时分析分接开关顶部接地螺丝附近 7 号通道所测得的原始振动数据与 SG 滤波后的振动波形，并将切换过程与振动信号所对应。利用 SG 低通滤波进行消噪处理得到振动信号，将振动信号结合档位变换过程中各个机构的动作，对振动信号的分割过程见图 4-15。

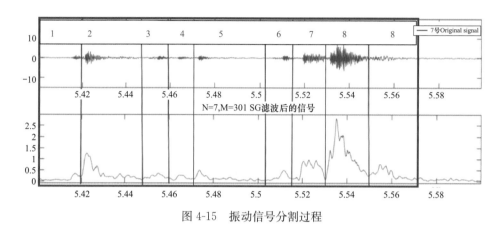

图 4-15　振动信号分割过程

分析通道 7 的振动数据，以触头开始动作时刻为起点，主触头 MC 闭合为终点。将振动过程的信号进行截取，切换过程振动信号包络图如图 4-16 所示。

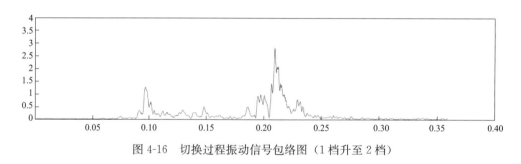

图 4-16　切换过程振动信号包络图（1 档升至 2 档）

结合振动信号分割图，各阶段振动信号出现的时间以及与触头动作的对应关系如表 4-4 所示。

表 4-4　　　　　　有载分接开关振动事件与振动信号的对应关系（以升档为例）

事件阶段	事件信号出现时刻（ms）	触头动作特性	振动脉冲数及大小
第一阶段	89.45	分接开关动作	一个小脉冲
第二阶段	94.61	枪机机构、主触头 MC 断开和主通断触头 MSV 断开、转换开关 MTF 断开始转换	一个长脉冲
第三阶段	121.3	转换开关 MTF 转换完成	一个脉冲
第四阶段	136.9	主通断触头 MSV 闭合	一个脉冲
第五阶段	146	真空断流器 TTV 断开	一个长脉冲
第六阶段	175.4	转换开关 TTF 断开准备转向	一个主脉冲
第七阶段	192.9	真空断流器 TTV 闭合	一个主脉冲
第八阶段	205	前部分 TTF 完成转向闭合	两个脉冲
	230.6	主触头 MC 闭合	

分析 3 号点与 7 号点 SG 滤波后的振动图像，可得到：①奇数档位切换到偶数档位条件下，高奇数档至低偶数档切换过程特征和低偶数档位至高偶数档切换过程特征；②偶数档位切换到奇数档位条件下，高偶数档至低奇数档切换过程特征和低偶数档位至高奇数档切换过程特征。图 4-17 展示部分档位切换过程中经采集滤波后的振动信号。

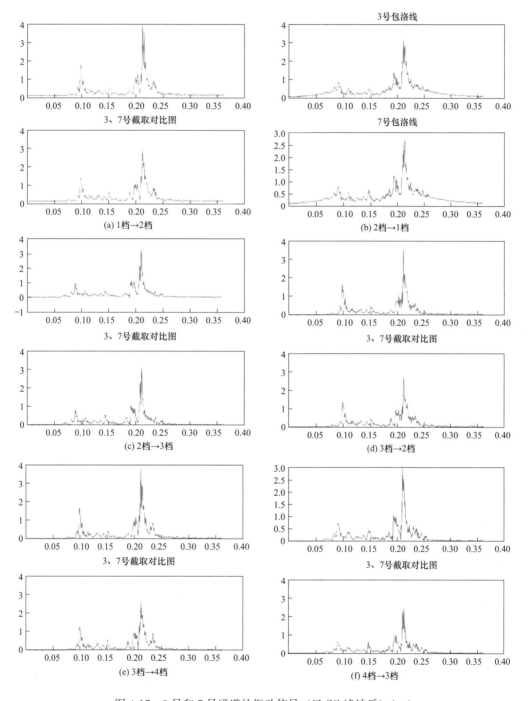

图 4-17　3 号和 7 号通道的振动信号（经 SG 滤波后）（一）

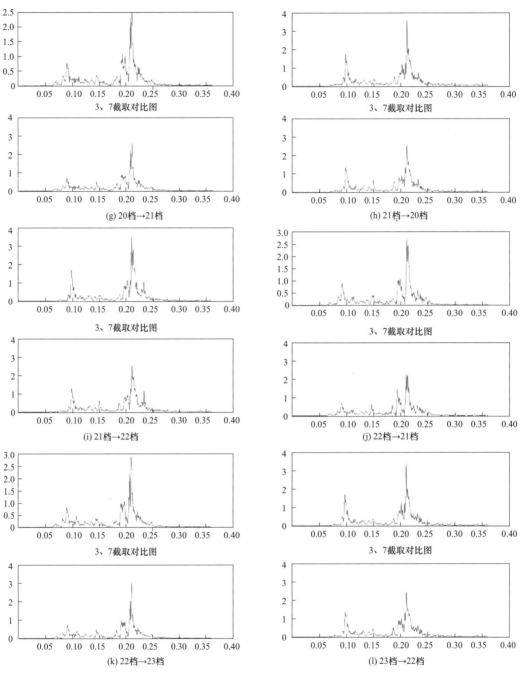

图 4-17　3 号和 7 号通道的振动信号（经 SG 滤波后）（二）

　　根据图 4-17 所示的试验对比结果，可总结得到分接开关不同切换过程中的振动信号特征如下。

（1）奇数档位切换至偶数档位时。

1）升档特征：

a）第一阶段和第二阶段振动幅度相差较大，第二阶段 MC 断开的振动幅度约为枪机机构释放振动幅度的 4 倍；

b）第七阶段前半部分振动信号幅度大于后半部分振动信号幅度；

c）第六阶段到第七阶段的振动信号衰减的幅度较大。

2）降档特征：

a）第一阶段和第二阶段振动幅度相差较大，第二阶段 MC 断开的振动幅度约为第一阶段枪机机构释放振动幅度的 4 倍；

b）第七阶段前半部分振动信号幅度小于后半部分振动信号幅度；

c）第六阶段到第七阶段的振动信号衰减的幅度较小。

（2）偶数档位切换至奇数档位时。

1）升档特征：

a）第一阶段和第二阶段振动幅度相差较小，第二阶段 MC 断开的振动幅度约为枪机机构释放振动幅度的 2 倍；

b）第七阶段前半部分振动信号幅度小于后半部分振动信号幅度。

2）降档特征：

a）第一阶段和第二阶段振动幅度相差较小，第二阶段 MC 断开的振动幅度约为第一阶段枪机机构释放振动幅度的 2 倍；

b）第七阶段前半部分振动信号幅度大于后半部分振动信号幅度；

c）第六阶段到第七阶段的振动信号衰减的幅度较大，第六阶段后期振幅几乎为 0。

结合有载分接开关工作原理，以升档切换过程（分接位置 N 到分接位置 N+1）为例进行说明。当驱动电机启动时，转动轴首先驱动选择器从抽头位置 N 移动到抽头位置 N+1；在储能系统工作过程中，它通过轴的横向转动向直线运动来压缩弹簧；偏心轮到达顶部位置后，压缩弹簧释放以驱动分流器开关；一旦储能系统释放，主触头 MC 就会离开外屏蔽筒上的触点；随着旋转的同时，主通断触头 MSV 被切断；转换开关 MTF 在短时间内从一个位置切换到另一个位置。然后，MSV 连接到电路上，在电阻器和两个真空管中产生循环电流；真空断流器 TTV 被切断，转换开关 TTF 被切换。最后，连接另一侧的主触点。在每个次切换过程中，第 9 层和第 10 层用于驱动和停止主触点，而其余层仅使用奇数层（1、3、5、7）或偶数层（2、4、6、8）。

根据 VRG 驱动机构的工作原理，将振动信号分为若干段，如图 4-18 所示。信号经过 SG 滤波器处理，可分为 7 个时间段，各阶段的时序特性如表 4-5 所示。

根据以上动作时序和振动信号分析，可将切换过程分为偶数到奇数档升降和奇数到偶数档升降两种状态。研究结果表明，在同为奇数到偶数档位或偶数到奇数档位切换时，在这两类切换状态下无论升档还是降档，其发出的振动信号的时刻都应该大致相同。可结合分接开关典型故障模拟试验，分别采集和分析两种切换形式下的振动信号，形成分接开关典型故障特征库。基于人工智能算法，并结合档位切换状态，根据振动信号的脉冲特性可实现分接开关机械故障识别及定位,其实现流程如下。

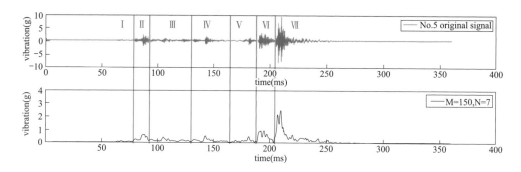

图 4-18　信号分段图

表 4-5 切换时序特性

阶段	时间（ms）	动作	脉冲状态
Ⅰ	0～76.3	主轴下降选择奇数档位（1、3、5、7、9、10）	振动只由轴承的摩擦产生。信号的振幅很低
Ⅱ	76.3～93.38	主触头 A 侧 MCA 的下端轴承从底座第十层的槽中出来,撞击槽边	信号持续时间短,幅度大
Ⅲ	93.38～129.23	主通断触头 MSV 在第一层凸轮的作用下缓慢切断	信号持续时间长,幅度小
Ⅳ	93.38～163.4	第 7 层轴承使转换开关 MTF 能够切换电路触点。同时,主通断触头 MSV 在凸轮的作用下缓慢关闭	信号持续时间长,幅度小
Ⅴ	163.4～188.2	第二真空管 TTV 在第三层的作用下缓慢脱落	信号持续时间长,幅度小
Ⅵ	188.2～203.4	第五层的轴承使转换开关 TTF 成为电路的触点,过渡触头 TTV 在第三层凸轮的作用下缓慢闭合	TTF 振动与 TTV 振动相结合
Ⅶ	203.4～231.9	微型断路器上轴承进入第九层槽,冲击槽的外缘和内侧	持续时间长,振幅大

（1）结合分接开关切换时序,建立分接开关切换样本数据库。单个样本选取原则如下:以振动幅值最大处为中心,提取一定时长的振动信号（如本书中采用 250ms）加以滤波处理,以保证分接开关振动信号的完整性和准确性,如图 4-19 所示。

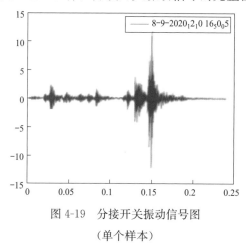

图 4-19　分接开关振动信号图
（单个样本）

（2）根据分接开关切换状态不同（分为奇数档和偶数档切换）,对振动信号波形进行分类标记。提取不同类型下的特征向量矩阵,筛选特征度高度相关的分类特征量。根据特征关联热力图（见图 4-20）,发现排名前十的的特征量有能量、一维离散傅里叶变换的傅里叶系数（实部、虚部、绝对值、角度）、自相关系数等,形成如图 4-21 所示的高度相关特征矩阵,说明可采用这些特征量判断分接开关是奇数档切换还是偶数档切换。

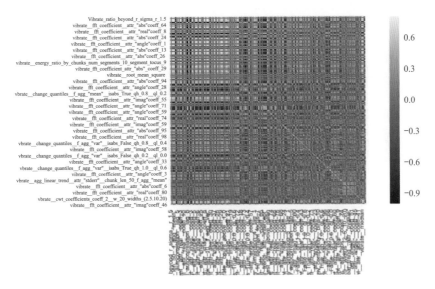

图 4-20　特征关联热力图

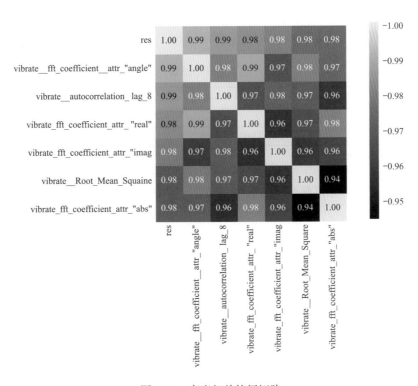

图 4-21　高度相关特征矩阵

（3）将不同切换状态下的分接开关特征向量划分为训练集和测试集，用训练集中的样本训练随机森林模型（其他人工智能算法亦可），将测试样本输入训练好的随机森林检测模型，得到各测试样本的切换状态的分类，实现有载分接开关不同切换状态下的分类，如图 4-22 所示。

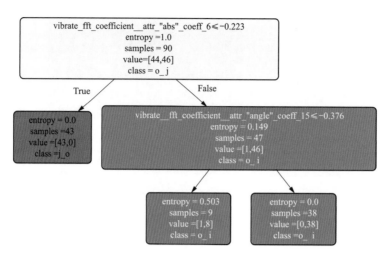

图 4-22　决策树分类过程

结合试验数据对决策树模型进行测试，得到测试结果如表 4-6 所示，精确率（precision）、召回率（recall）及 F1-score、AUC 值均可达到 0.977，说明采用奇数档和偶数档切换区分分接开关切换状态是可行且较为准确的。

表 4-6　　　　　　　　　　　　决策树分类结果

分类结果	precision	recall	F1-score	support
奇数→偶数	0.98	0.98	0.98	46
偶数→奇数	0.98	0.98	0.98	44

（4）结合上述决策树模型，可对有载分接开关任意切换状态下的振动信号进行分类识别，同时通过不断自学习提升模型的分类准确性。在此基础之上，结合其他特征或方法可实现对具体故障档位的定位。

基于油色谱的分接开关在线监测诊断技术

分接开关有着与变压器本体相独立的油系统,以防止开关切换时产生的电弧对变压器本体油质造成污染。这为分接开关油色谱在线监测的应用提供了有利条件,其与变压器本体油色谱在线监测的原理是一致的,两者的主要区别在于所关注的特征气体可能不同以及判断标准存在一定差异。本章梳理了现有变压器油色谱在线监测原理及系统,介绍了分接开关油色谱判断的推荐性标准,可为分接开关油色谱在线监测提供参考。

5.1 分接开关油色谱监测诊断原理

5.1.1 变压器及分接开关油路系统

按 IEC 60214—2—2019、GB/T 10230.2—2007《分接开关 第 2 部分:应用导则》有关安全保护条款的规定,油浸式有载分接开关的切换开关或选择开关油室与分接选择器必须各自带有独立的油系统和安全保护的监控装置。切换开关(或选择开关)油室必须带有单独一个油系统。这个油系统是由独立的储油柜、吸湿器、保护继电器等安全保护的监视装置组成,以便对切换开关(或选择开关)油室进行常规的压力上升监控,同时将其油室内部故障引起的火灾和爆炸风险降到最小。分接选择器也需要一个独立的油系统。该油系统视有载分接开关安装方式(埋入型或外置型)的不同,有着不同的安全保护的监控装置。因此,一个有载调压变压器形成了两个各自独立的油系统。

随着分接开关使用年限增长及切换次数的增多,容易出现有载分接开关与主变压器本体油路互相渗透的问题,造成开关油位时高时低、主变压器油质异常及色谱数据不稳定。系统内大量使用的主变压器有载分接开关,无论何种类型,在带负荷切换过程中均会产生电弧,并使绝缘油分解产生游离碳和氢气、乙炔等气体,使油质的绝缘水平及油室内压随着运行时间及切换次数的增加而呈台阶式的下降趋势。据有关资料介绍,其内压随切换次数的变化率为:在 2 倍额定电流下,每切换 100 次,内压增加约 0.086MPa。一般切换开关油室设计的密封强度为 0.05MPa。长期运行的开关由于存在转轴的密封磨损和过热、装配工艺及内压的自然增长等原因，切换开关油室中的油容易渗透入主变压器本体油箱中。

早期对于变压器和分接开关油路渗透的问题没有有效的判断方法，为此，CIGRE（国际大电网会议）曾提出了有载调压变压器本体油的含氢量与烃类化合物含量比无励磁调压变压器高的观点，也给出了这两种变压器允许气体的浓度（见表5-1）。如果有载调压变压器油箱中乙炔和氢气的含量比无励磁调压变压器大1倍，则切换开关油室中的油肯定进入了主变压器本体油箱中。

表 5-1　　　　　　　　变压器油中溶解气体的允许浓度

运行年限	调压方式	最大允许含量（μL/L）						
		H_2	CO	CO_2	CH_4	C_2H_6	C_2H_4	C_2H_2
5 年以下	OCTC	100	100	3000	150	60	50	25
	OLTC	175	150	1000	300	100	300	100
5～10 年	OCTC	400	300	4500	300	100	250	50
	OLTC	300	300	5000	450	300	450	250

另外，根据 DL/T 722—2014《变压器油中溶解气体分析和判断导则》，当变压器油中溶解气体超过注意值时，若 C_2H_2/H_2 大于 2（最好用气体增量进行计算），可认为是有载分接开关油（气）污染造成的。这种情况可利用比较变压器油箱和切换开关油室的油中溶解气体含量来确定。气体比值和 C_2H_2 含量取决于有载分接开关的切换次数和产生污染的方式（通过油或气），因此，C_2H_2/H_2 比值不一定大于 2。

5.1.2　变压器油色谱在线监测原理

油中溶解气体在线监测与实验室内采用的气相色谱分析相比，有很大不同，它不能取代色相色谱分析。油中溶解气体在线监测有如下特点：

（1）在线监测要求仪器可靠性高，有自检功能，能长期稳定运行，不允许出现误报警。

（2）油中溶解气体在线监测仪必须尽可能靠近油流动处安装，使内部因故障产生的气体尽快达到检测器而被检测，确保测试结果的及时性和准确性。

（3）在线监测诊断方法的主要依据是可燃气体增长速率而不是气体含量的绝对值。因此，根据设置运行年限和气体含量的不同，在线监测仪器设计成报警水平可调。

（4）在线监测要求有一定的自动化程序和信号处理技术的小型化、智能化。要求在线监测仪能与计算机联网、存储测试数据、计算气体增长率，并综合其他测试项目的测试结果，判断设备运行状况。

（5）在线监测仪的造价要低。

总之，油中溶解气体的在线监测可以提供设备故障的初步信息，发现有怀疑的设备后再进一步利用色谱分析等进行二次诊断，因此油中溶解气体不能完全代替现有的色谱分析等试验手段。油中溶解气体的主要发展动向可从三个方面来分类描述。

1. 按取气方法分类

（1）薄膜渗透法。

有机合成的高分子膜均有不同程度的透气性，早期利用这一性能回收工业废气重新加以利用已取得了成效。这一方法在工业气体分离和净化工艺中已被广泛采用。油中溶解气体在线监测也是利用了高分子膜的这一特性。但是在油中溶解气体在线监测仪中用于分离油与气的高分子膜与化工行业所应用的膜有很大不同：一方面要接触变压器油，另一方面要尽快透过待测气体，以便检测器检测。因此，要求高分子膜必须具有如下特性：耐水、耐油、耐高温（120℃）；至少有一定的机械强度以便能在长期运行中不变形，不破裂；要求膜的透气率高（透过速度快），最好有一定的选择性，即对某些组分透过率高，而对另一些组分透过率低，甚至不透过。

油中溶解气体透过高分子膜到达气室的浓度，除了与选择的高分子膜的面积和厚度有关外，还与油中原始气体浓度、气室容积、油的温度和透气时间有关。当膜与气室的参数确定以后，就可以通过试验和计算求出膜的透过率和达到平衡的时间。

根据不同膜的透气性进行了反复测试结果表明，聚四氟乙烯膜不仅具有良好的透氢率，而且对不同气体具有良好的选择性，又有良好的机械性能和耐油、耐高温等优点。聚四氟乙烯膜的透氢率约为一氧化碳的 8 倍，即在气室中一氧化碳透过量占总气量的 12% 左右。国内有关研究部门利用这一特点研发了结构简单的氢气检测仪，国产 BGY 型变压器在线监测仪使用的就是这种膜。加拿大的 Hydran 型油中溶解氢气检测仪使用也是的这种膜。日本日立株式会社试制了一种基于聚四氟乙烯（PFA）的膜，可以透过氢气、一氧化碳、甲烷、乙炔、乙烯和乙烷等各种烃类气体。该公司利用 PFA 膜透气，采用 3 根色谱柱对各组分进行分离，利用电磁阀控制载气流量，并用催化燃烧型传感器制成了能测 6 个组分的油色谱在线监测装置。

由于油中气体都是遵循亨利定律透过薄膜进入到气室，气室内的气体浓度和油中溶解气体浓度达到平衡都需要十几小时，甚至几十小时。因此，透气膜仅适于连续的或间断的在线监测的场合，一般不适用于便携式仪器。膜的透过率越高越好，可以尽可能缩短检测周期，做到及时检测和报警。如果对某些气体组分达到平衡的时间长达几天，那就失去了在线监测的意义。同时，膜的透过量与温度有密切的关系。温度越高，透过速度越快，透过量越大，但对不同组分的选择性会变差。因此，使用透气膜进行在线监测时，应尽量在相同的温度下进行测量，或采取一定措施以补偿温度变化对测试结果的影响。

（2）抽真空式取气法。

根据产生真空的方式不同，抽真空取气又可以分为两种形式：

1）波纹管法。日本三菱株式会社生产的油中溶解气体在线监测仪是利用小型电动机带动波纹管反复压缩，多次抽真空，将油中溶解气体抽出来进行监测分析，再将变压器油重新注入变压器中。每次测试需要约 40min，测试周期可在 1～99h 或 1～99d 范围内调整。

这种取气方法用在同一台设备的在线监测是可行的，但在离线色谱分析中则不行，即某一套设备仅用于特定一台变压器的检测。这是由于积存在波纹管空隙里的残油很难完全排出，会造成对下一次油样检测的污染，特别是对含量低但油中溶解度大的乙炔含量检测的影响更为显著。

2）真空泵法。日本东芝株式会社研制的在线监测仪使用真空泵抽真空来抽取油溶解气体，废油仍回到变压器油箱。用红外检测器检测氢气、一氧化碳和甲烷三个组分，每测一次需要约 15min。将真空法与高分子薄膜法做了对比试验，结果基本上是一致的。利用真空泵抽真空时，要注意真空泵的磨损。随着使用的时间增长，真空泵的抽气效率降低，保证不了脱气容器内的真空度，以至于油的脱气率降低，造成测试结果偏低也是有可能的。

（3）其他取气方法。

这类的取气方法主要包括载气洗脱法和空气循环法，一般不能用于在线监测，但是很适用于便携式的仪器。

1）载气洗脱法。载气洗脱法是采用一种专用的分馏柱，利用氢载气在色谱柱之前借助往油中通气，将油中溶解气体置换出来，进入到检测器检测。分馏柱在层析室的恒温箱中，并通过定量管进入固定体积的油样，再根据油中各组分气体的排出率调整气体的响应系数来定量。分析一个油样需要约 40min，用油量约 2mL，测试误差小于 20%。这种取气方法的脱气时间短，消除了温度等因素对脱气率的影响，提高了测试结果的重复性和试验结果间的可比性。

2）空气循环法。日本日新电动机株式会社研制了一种空气循环取气法，并设计了便携式检测仪。空气循环法是采用闭合管路系统，利用循环泵向油中吹入大量的空气，在油中氢气浓度和空气中的氢气浓度达到平衡之前，空气一直是循环的。循环时间约 3min。然后，将含有氢气的空气送入回收容器进行检测。测试完毕后将回收容器内所剩气体全部排出，并通入新鲜的空气，洗净配气管及容器直至表针为 0。该装置能迅速、有效地抽出油中溶解的氢气，同时用对氢气选择性高的半导体传感器进行检测。需要说明的是，由于油在低温下黏度变大，测试必须在 0℃以上。

2. 按所使用的检测器分类

（1）钯栅场效应晶体管型。

利用钯栅场效应晶体管作为传感器元器件，首先是在 BGY 型氢气在线监测仪上应用，其测氢的机理是：当氢分子吸附在催化金属钯上时，氢分子在钯的外表面发生分解生成氢原子，氢原子透过钯膜及钯栅并吸附在金属钯和绝缘介质的界面上，形成偶极层，使金属钯的电子功函数减少。这种现象表现为 MOSFET 的阈值电压（又称为开启电压）V_{DS} 降低，其降低值 ΔV 与氢气浓度存在定量关系，ΔV 经放大和线性化处理后则可反映及显示氢气的含量。该元件对氢气具有独特的选择性，基本不受其他气体组分的干扰。

钯栅场效应晶体管型传感器可用于油中溶解氢气测量，但经过长时间的运行发现，这种传感器存在诸多缺点，如寿命不够长，元件易老化、损坏；零漂严重，需要经常调整。其原因在于：氢气浓度不同与其引发的开启电压降低值 ΔV 并非线性关系，即使用过程中必须进行线性化处理；再者，由于钯栅场效应晶体管的老化，晶体管本身的开启电压降低改变了原来的曲线和零位，自然也改变了线性化处理后的直线。这就必须通过经常调节零位和用外标氢气标定才能准确地反映氢气的浓度，否则会出现误报警。

（2）半导体型传感器。

半导体传感器又称为阻性传感器或金属氧化物传感器，是研究开发较早的一种传感器，普遍用于可燃气报警。该元件由涂有一层二氧化锡的圆筒状的陶瓷骨架构成，同时，加热器穿过陶瓷骨架，使整个陶瓷骨架保持恒温。氢气和氧气发生反应时，释放出电子，导致二氧化锡的电导增大，电导的变化引起电压的变化，最终通过电压变化反推气体浓度。经试验证明，该传感器的峰值读数和气体浓度成线性关系。

具体气体测量种类的选择通过加入到二氧化锡内的催化剂进行控制。南非某公司和日本东芝株式会社均采用经特殊处理后的二氧化锡进行测氢。南非某公司利用高分子薄膜透氢，传感器安装在气室内进行连续监测。日本东芝株式会社则利用空气循环法取气，研制了用于现场检测的便携式油中溶解气体检测仪。美国电力科学研究院开发的变电站诊断系统也采用这种金属氧化物传感器。

这种传感器造价低廉，而且在油气中、高湿度和温度变化中能保持长期的稳定性，适用于对造价要求低的在线监测装置。但是，试验过程中必须注意校准传感器的检测精度。

（3）催化燃烧型传感器。

关于催化燃烧型传感器的报道很多，如日本三菱株式会社生产的在线检测仪，英国 TROLX 公司生产的 TX-3259、TX-3267 型传感器，爱尔兰 PANAMETTRICS 公司生产的燃气分析仪使用的铂催化剂燃气传感器等。国产的 LX-1～3、JD-2 和 MQ-C 型等传感器也属于这一类产品。

催化燃烧型传感器的基本原理是在一根铂丝上涂上燃烧型催化剂，在另一根铂丝上涂上惰性气体层，组成阻值相等的一对元件，由这一对元件和外加两个固定电阻组成桥式检测回路。在一定的桥流（温度）下，当它与可燃气体接触时，一个铂丝发生无烟燃烧反应，发热引起其阻值变化；另一铂丝不燃烧，阻值不变，使平衡电桥失去平衡后输出一个电信号，该信号与可燃气体浓度成线性关系。这种元件具备造价低廉、性能稳定和寿命长的优势，便于推广应用。化工系行业通常利用其制造可燃气含量测试仪，煤炭行业利用它制造煤矿安全报警仪，电力行业则利用这种传感器研制了油中溶解氢气在线监测仪。

就利用薄膜法测氢而言，催化燃烧元件的输出与色谱分析有一定的误差，这是由于薄膜对氢气以外的其他气体有一定的透过率，即便是选择性较好的杂环聚芳膜也是如此。特别是一氧化碳的透过量对测试结果有一定的影响，使氢的测试值偏高。对总可燃气检测仪来说，首先影响测试结果的是取气方法，不同的取气方法对油中溶解的各组分的脱出率影响不同，故测试值也不同。另外，不同的组分在催化燃烧元件上燃烧时，产生的热能不同，造成元件对各组分的灵敏度也不同。特别是当这些混合气体的组成变化比较大时，使检测元件的输出也发生变化。一般来说，在油中溶解度较大的组分，如 C_2、C_3 组成，对催化元件有较高的灵敏度要求；对在油中溶解度小的组分，虽然灵敏度较低，但取气体容易取得比较彻底。所以，总可燃气检测仪的测试结果是上述因素综合作用的结果。

（4）燃料电池型传感器。

燃料电池是一种将储存在燃料和氧化剂中的化学能直接转化为电能的一种发电装置。燃料电池的原理是：由电解液隔开的两个电极，阳极的氢以化学方式被氧化，阴极周围的空气提供氧。经催化，氢气和氧气发生反应，氧气被还原，电极提供电子转移的通道。因此，可以采用燃料电池来检测油中溶解氢气含量，即在油中溶解氢气与氧气发生氧化还原反应的同时，燃料电池输出正比于氢气浓度的电流，并转换成 $2\sim10V$ 的电压信号，输出并显示。

早在 20 世纪 70 年代，加拿大就开始了利用燃料电池原理研制氢气传感器的研究，现已批量生产便携式 103B 型和在线式 201R 型两种类型的氢气检测仪。测试的过程是这样的：安装在变压器上或用注射器将油样推入聚四氟乙烯进样口，溶解在油中的氢气透过聚四氟乙烯薄膜迅速扩散并在多孔的透气铂黑电极上发生氧化反应。与此同时，周围有空气的另一个电极上的氧被还原，两个电极间的电解质是呈胶状的 50% 的硫酸溶液。由燃料电池产生的电流通过一个 100Ω 的电阻显示电压值，这个电压值被放大，并用指针显示出油中氢气的浓度，废油从微孔结构的电极空腔中排出。燃料电池的反应值与氢的浓度成正比，南非某公司的测试结果也证实了这一点。

尽管燃料电池型的监测仪检测的精度高，重复性好，但燃料电池的寿命有限，造价也高。应该指出：燃料电池中的电化学反应实际为氧化还原反应。在油中溶解有较大量的一氧化碳气体，它同样会透过聚四氟乙烯薄膜，不可避免地会参与反应，因此测试结果实际为氢气和 12% 左右的一氧化碳的总和。

（5）其他可选用的检测器。

红外吸收式传感器可用于测量非分离状态下的二氧化碳含量，因为它对各组分有特殊的吸收，同时还可用在环境监测中监测大气中的二氧化硫、一氧化碳、卤代物等。

光离子检测器利用光离子的能量使气体分子电离。由于各种气体分子的电离能不同，气体可被检测。利用这种检测器可使装置简单，灵敏度高，容易制成便携式仪器，但用于在线监测还有一定难度。

综上所述，根据不同的测试对象选择不同的传感器，并配合使用不同的取气方法，可以组合成多种多样的在线或便携式油中溶解气体监测仪。

3. 按测试对象分类

油中溶解气体的气相色谱在线监测是灵敏度较高的测试方法。该方法是将变压器本体油经循环管路循环后注入脱气装置，再经脱气装置进入分析仪；经数据处理打印出可燃气体的谱图及含量值；最终，根据变压器油中溶解气体含量，反映变压器内部是否存在放电故障或过热故障。如果是放电性故障，乙炔含量将明显增长；如果是过热性故障，总烃含量将明显增大。目前，对变压器多种气体成分含量的油色谱在线监测，多数是将运行中的变压器油经自动脱气后，仍由色谱柱将不同气体分离监测。根据结构不同和现场监测的需要，有监测单气体（H_2 或 C_2H_2）、双气体（H_2、CO）、3 种气体（H_2、CO、CH_4）、4 种气体（CH_4、C_2H_6、C_2H_4、C_2H_2）和 7 种气体（CH_4、C_2H_6、C_2H_4、C_2H_2、H_2、CO、CO_2）等多种油的气体色谱分析装置。

7 种气体色谱在线监测的基本技术原理如图 5-1 所示。油色谱在线监测时，变压器油通过油阀进入自动脱气进样装置，被监测的气体由载气（氮气或氩气）带入色谱分离分析系统。载气作为流动相，分离气体的色谱柱中的填充物或表面高分子有机化合物作为固定相，从变压器油中被取出的气体就在流动相和固定相之间反复多次分配，或根据填充吸附剂对各气体成分吸附能力的差别进行气体分离，气体成分按先后出峰顺序分离后，进入监测系统转为相应的电信号，通过对相应电信号的监测进行气体定性定量分析。变压器油的色谱气体组分出峰图如图 5-2 所示。

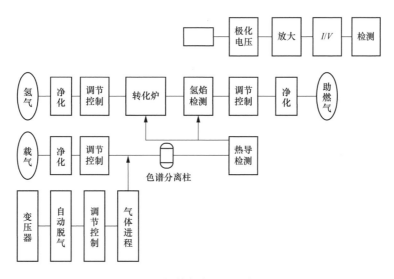

图 5-1　油色谱在线监测基本原理图

对于不同测试对象（不同气体组分），可选用不同方法或原理进行检测，其过程及方法大致如下。

（1）测单组分氢气。

从绝缘油的分子结构上可以看出，当设备内部出现故障时油分子遭到破坏，无论是放电故障还是过热故障，最终都将导致绝缘介质裂解，产生各种特征气体。由于碳氢之间的键能低，生成热小，在绝缘介质裂解过程中总是最先生成氢气。因此，氢气是各种故障特征气体的主要组成成分之一。氢气的增加是绝缘劣化的征兆，而且氢气最为活泼、易测，

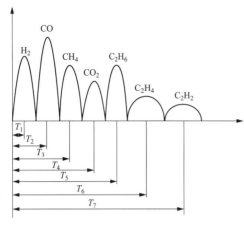

图 5-2　变压器油的气体色谱组分出峰图

适于故障的初期监测。

　　氢气在线监测装置由气体分离和检测两部分组成。装有高分子膜和气敏元件的气室安装在变压器上，油中溶解氢气通过高分子膜渗透到气室中。当气敏元件接触氢气后，阻值发生变化，以电压形式将测定结果输出。安装在控制室中的测量仪表指示出与输出电压对应的氢气浓度。采用在线氢气检测弥补了色谱分析法受到周期性的限制，同时克服了色谱法中氢气易从油中逃脱、散失所导致的测量结果大大低于油中真实氢气含量的问题。

　　DL/T 722—2014《变压器油中溶解气体分析和判断导则》将运行中变压器的油中溶解氢气含量注意值定为 $150\mu L/L$，油中溶解氢气绝对产气速率定为 10mL/天（密封式）或 5mL/天（开放式）。如果用氢气监测仪测出油中溶解氢达到注意值时，应进行跟踪分析，查明原因。同时，不能认为注意值是划分设备有无故障的唯一标准，影响油中氢气含量的因素较多（如油中水分与铁作用生成的氢气、设备某些油漆与油中溶解氧气生成的氢气等），有的氢气含量虽低于注意值，但若增加较快，也应引起注意；有的氢气含量虽超过注意值，但若无明显增加趋势，也可判断为正常。因此，通过氢气监测仪进行在线监测，根据油中氢气的浓度，特别是其变化趋势，能对运行中的设备作出预诊断，然后视情况判断是否需要做进一步的检查。例如，是否需要进一步在试验室中用气相色谱法等做进一步复查与分析等。这种预诊断的价值就在于能够对变压器内部潜伏性故障进行早期诊断和预报。

　　另一种方法就是测单组分乙炔。变压器有载分接开关电气故障以放电故障为主，因此，可以将乙炔作为变压器真空有载分接开关电气故障诊断的特征气体。正常运行情况下，有载分接开关由于切换过程中的时序配合问题也会在变压器油中产生乙炔，但一般乙炔产气速率较慢，且单次切换后的乙炔产气量相对固定。因此，可以考虑结合有载分接开关油室内乙炔含量和乙炔增长速率等因素综合判断分接开关的运行状态。

　　（2）测双组分氢气和一氧化碳。

　　目前，油中的氢气和一氧化碳在线监测在我国大型电力变压器上应用较为普遍。当变压器内部发生潜伏性过热或放电故障时，故障特性气体（氢气、烃类气体及一氧化碳、二氧化碳）的产气速率就会增加。其中氢气在变压器油温比较低时已产生，并随着温度的升高呈线性增长，氢气含量的增长往往表明绝缘油已裂解；一氧化碳随着固体绝缘的温度升高，也同样呈线性增长，它的增长则表明固体纤维绝缘材料可能发生裂解。因此，同样可将氢气和一氧化碳作为变压器早期故障的特征气体。

加拿大 SYPROTEC 公司研制的 HYDRAN 系列装置是技术成熟并得到广泛应用的监测变压器油中故障特征气体的在线装置，这种在线监测装置原理如图 5-3 所示。

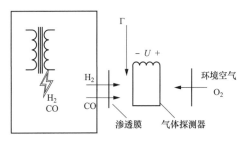

图 5-3　HYDRAN 在线监测装置原理图

传感器直接与变压器油箱阀门相连，变压器油中溶解气体经过具有可选择性的渗透膜进入电化学气体检测器。在检测器里，特征气体与空气中的氧气发生化学反应，产生一个与反应速率成比例的电信号，经整流放大和温度补偿后，以 $\mu L/L$ 为单位将气体含量显示在电子显示屏上。该装置主要通过监测读数偏离基线的速率来预测变压器的故障。

传感器是无源元件，无转动部分，所分析的气体正是传感器需要的燃料，无需任何试剂或其他材料。该装置安全可靠、维护量小，而且安装方便。HYDRAN 201 Model Ⅰ 配有内置 CPU，可自动计算产气率以及存储一段时间的各种测量和计算数据，并具有远程通信功能。这种装置能连续监测油中故障气体，可以检测和防止缓慢发展的变压器及分接开关事故。当检测到含气量较大的油样时，可在 11～16min 内检测到变压器的潜伏性故障。

（3）测可燃性气体总量。

众所周知，在每台变压器里都会或多或少地含有一定量的可燃性气体，即使是新投入运行的变压器也不例外。在新投运的最初几年里可燃性气体浓度一直呈上升趋势，直至气体的产生与气体逸散达到平衡为止。当出现异常增长时，一定有产气源即故障存在。总可燃性气体含量增加和单一组分氢气增加一样，不能明确故障的性质，但选择适当的检测器作为故障的初期警报，也是简便易行的。

（4）测各组分的单独含量。

有的仪器测量甲烷、乙烷、乙烯、乙炔 4 个组分的含量；有的仪器测量氢气、甲烷和一氧化碳 3 个组分的含量；有的仪器测量包括氢气、一氧化碳及 4 个烃类的 6 个组分含量，甚至包括二氧化碳在内的 7 个组分的含量，这与色谱仪相同，故又称为在线色谱。

应该指出，变压器油中的乙炔在线监测是基于故障部位的温度，也能代表故障的程度。氢气产生的起始温度最低，而乙炔产生的起始温度最高，大约在 750℃ 左右，一般认为，在故障诊断中油中乙炔的浓度比氢气更为关键。目前研制的智能型乙炔测定仪主要由脱气、乙炔传感器、单片机（控制及数据处理）、输出等部分组成。

在有载调压变压器中，在线监测乙炔对提前发现故障是有意义的，但对突发故障还难以检定。虽然乙炔是反映电弧性的突发故障比较敏感的特征气体（在产生乙炔的同时也会产生氢气）。实践证明，有时变压器的确在发生事故前出现微量乙炔，但产生乙炔的故障也并非都是突发性的，如有些围屏放电和油流带电，有时在磁路中存在的放电时乙炔也非常高，因此单独监测乙炔，往往即使发现变化也还难于判定而立即采取措施，还得依靠综合分析。

正如前文所说的，在有载分接开关中，由于电触头负载转换过程中会产生电弧，因此，油室的油中难免有乙炔气体存在。此时监测乙炔气体的绝对总量是毫无意义的，关键是在于监测分接开关每切换一次乙炔平均值的增量是否有明显的跃变。若每切换一次乙炔的平均增量比较稳定，说明分接开关切换性能是好的；若每切换一次乙炔平均增量超过注意值，应跟踪监测。

（5）变压器油的红外光谱在线监测。

国外开发了一种利用红外光谱在线监测变压器油中各种气体的装置，它通过油泵从变压器中抽出被测油样，用真空泵抽取所溶解的气体，红外光谱来分析并测量 CH_4、CO、CO_2、C_2H_4、C_2H_6 和 C_2H_2 气体的浓度，用一个锡氧化物的电化学传感器来测量 H_2 的浓度。

该在线检测装置包括一个安装在主变压器上的微处理器，按每 0.5h 采样一次的频率通过微处理器储存。该微处理器可以存储多达两个月的采样数据，并且可以将其卸载到远程的个人计算机中，同时也可以通过编程来调用远程计算机。如果检测到任一种气体浓度或气体比率超过某预设定值，将发出报警信号。该类装置已实现现场应用，其缺点是乙炔的检测灵敏度不高。

还有一种用半导体微传感器为基本元件制成的检测装置，该装置可以检测 H_2、CO_2、C_2H_2 和 C_2H_4。当这些气体进入埋在变压器油中的传感器室时，每种传感器对上述气体具有不同的灵敏度，并且根据该传感器的输出计算出油中每种气体的真实比例。

5.2　分接开关油色谱监测诊断系统

5.2.1　油色谱在线监测系统应用情况

由于变压器油中气体的在线监测具有实时性和连续性等特点，能及时发现被监测设备存在的故障，所以一直受到人们的重视。研究变压器油中气体在线监测装置的方法主要有色谱法、传感器法及红外光谱法等。早期的变压器油中气体在线监测装置主要监测 H_2 单组分含量的变化，如 1981 年美国西屋等公司研制的变压器油中 H_2 浓度的在线监测装置和 1984 年国内研制的大型电力变压器潜伏性故障连续监测装置，其基本原理都是采用高分子半透膜使溶解在变压器油中的氢气析出，用传感器检测氢含量的变化。美国西屋公司的装置是采用燃料电池做氢敏传感器，而国内的装置开始是采用 N 型半导体气敏元件做氢敏传感器，后经改进采用了钯栅场效应晶体管传感器，从而实现油中 H_2 含量的在线监测。

随着科学技术高速发展，特别是高参数、大容量机组和超高压电气设备的投入使用，变压器油中气体在线监测装置研制与应用也在不断发展与完善。油中气体在线监测已从单组分气体含量发展到总可燃气体及多组分气体含量监测。例如：日本三菱公司研制的总可燃气体在线监测系统；澳大利亚某公司研制的变压器在线监测系统可监测油中 H_2 和 C_2H_2 等气体含量；美国 CONEDISON 公司研制的利用红外光谱原理测量油中 CH_4、C_2H_6、C_2H_4、C_2H_2、CO、CO_2 以及利用燃料电池测量 H_2 等气体含量的在线监测系统；加拿大魁北克水电局在 Manic 735kV 变电站安装了自动监测变压器绝缘的诊断系统，包含过电压、局部放电及油中溶解 H_2、CO、C_2H_2 及 C_2H_4 浓度的在线监测。

此外，加拿大 Morgan Schaffer 公司研制的 AMS-500 增强型溶解氢气和水分监测仪，其故障气体探头采用了专门设计的气体连续直接采样技术。它由一个多股的特氟隆毛油管环制成，变压器油中氢气（或其他特征气体）扩散到毛细管中并在探头内浓缩形成气体样品，由高稳定性、高精度的热导元件进行检测，而油中水分监测则采用直接浸入变压器油中的湿度传感器进行连续测量。该仪器能够很容易地连入变压器的监测网络并配套使用该公司的 TFGA-P200 便携式气体分析仪（可现场检测 7 种油中溶解气体）和变压器油分析专家软件，成为管理和维护变压器的在线监测系统。

20 世纪 80 年代初，以色谱分离技术为基本原理的在线监测装置已在一些电力工业发达的国家研制成功并投入使用。1981 年，日本关西电力和三菱电机公司采用色谱分离技术共同研制出变压器油中气体自动分析装置并投入现场试用，可在线监测油中永久性气体（包括 H_2、O_2、N_2、CH_4、CO、CO_2 等）和烃类气体等 11 种组分含量变化，并以油中气体总量、可燃气体总量及油中各气体浓度显示分析结果。我国从 20 世纪 90 年代初开始研制色谱在线监测装置，经过多年的探索和实践已逐步走向应用化阶段。由原东北电力科学研究院等单位研制的大型变压器色谱在线监测装置能够在线监测变压器油中 CH_4、C_2H_2、C_2H_4 和 C_2H_6 等可燃性气体含量变化，自动化程度高、分析速度快，准确性和稳定性符合有关标准，并设置判断变压器故障的专家诊断系统，实现了油中烃类气体的在线监测，已在辽宁、吉林、内蒙古等地的 500kV 变压器上投入运行，对及时发现大型变压器的故障隐患及保证供电可靠性发挥了重要的作用。随后，国内外还研制出采用复合型色谱柱分离气体，通过半导体传感器检测 CH_4、C_2H_2、C_2H_4、C_2H_6、H_2 和 CO 六种组分含量的色谱在线监测装置，使色谱在线监测技术逐步走向成熟。

相关文献对变压器油中溶解气体在线监测系统在国内应用的状况进行了统计，如表 5-2 所示。不同厂商在不同的油中溶解气体分析（dissolved gas analysis，DGA）在线监测系统领域各有所长，所采用的油色谱检测技术及所测量的气体组分也存在一定差异。

表 5-2   部分变压器 DGA 在线监测系统的型号、监测量和厂家

型号	检测组分	厂商
HYDRAN 201Ti HYDRAN Rr. 201R HYDRAN 201 HYDRAN 201Gi HYDRAN 201i	H_2、CO、C_2H_2、C_2H_4	GE 公司
TNU	H_2、CH_4、C_2H_6、C_2H_4、C_2H_2、 CO、CO_2、H_2O	
HYDRAN H2010	H_2、C_2H_2	
HYDRAN-1	H_2、CO、CO_2	

型号	检测组分	厂商
MGA2000 MGA2000-6 NLINE	H_2、CH_4、C_2H_6、C_2H_4、 C_2H_2、CO、CO_2	宁波理工监测科技股份 有限公司
CARND TRAM-B	H_2	
河南中分 3000	H_2、CH_4、C_2H_6、C_2H_4、C_2H_2、 CO、CO_2	河南中分仪器有限公司
HVM2000	H_2、CO、C_2H_2、C_2H_4	上海龙源智光电气有限公司
HYDRAN HYDRAN 201i-1 HYDRAN 2011-c HYDRAN 201R HYDRAN 201Ri	H_2、CO、C_2H_2、C_2H_4	加拿大 SYPROTEC（中能） 公司
HYDRAN 201Ci-C	H_2	
NS-80IG	H_2、CH_4、C_2H_6、C_2H_4、C_2H_2、CO、CO_2	国电南京自动化股份有限公司
N-TCG 6C	H_2、CH_4、C_2H_6、C_2H_4、C_2H_2、CO	日本东芝公司
TRAN-A	H_2	北京理工大学
TROM-600	H_2、CH_4、C_2H_6、C_2H_4、C_2H_2、 CO、CO_2、H_2O（可选）	上海思源电气股份有限公司
C201-6 C202-6	H_2、CH_4、C_2H_6、C_2H_4、C_2H_2、CO	加拿大加创公司
Model 4 TrueGas TrueGas D	H_2、CH_4、C_2H_6、C_2H_4、 C_2H_2、CO、CO_2、H_2O	美国 SERVERON 公司
CBS-2000	H_2、CH_4、C_2H_6、C_2H_4、 C_2H_2、CO、CO_2	美国 SEIEEION 公司
C-TCG-6C	H_2、CH_4、C_2H_6、C_2H_4、 C_2H_2、CO	日本三菱公司
HB HBW	H_2、CO、C_2H_2、C_2H_4	陕西恒城公司
BSZ	CH_4、C_2H_6、C_2H_4、C_2H_2	原东北电力科学研究院
BSZ-2 BSZ-3	全组分油色谱	原本溪电业监测仪器厂

5.2.2 分接开关油色谱诊断方法

除参考 DL/T 722—2014《变压器油中溶解气体分析和判断导则》外，基于油色谱的分接开关在线监测诊断方法还有单组分乙炔含量判断和烃类气体组分判断两种。

1. 单组分乙炔含量判断

针对单组分乙炔，不少分接开关厂家及研究学者倾向于分接开关一次操作产生的乙炔含量是趋于固定的，因此，可以结合分接开关操作次数及单组分乙炔含量的变化趋势判断分接开关是否存在放电性缺陷。

以换流变压器为例，极性选择器动作时会产生乙炔。这是因为极性选择器动作期间，因分接绕组暂时与主绕组分离而瞬间悬空，由于耦合电容的存在而产生恢复电压。极性选择器动触头离开瞬间，动触头和静触头间切断一数值很小的容性电流，且由于其断口间恢复电压的存在，引起触头断口击穿放电，这是变压器油分解产生气体的原因。相关计算表明在切断容量为 9kVA 时，每一个极性转换开关触头 K（单柱）产气量为 5mL，如果切断容量不是 9kVA 时，产气量根据切断容量按线性插值计算，如为双柱并联的换流变压器，其整台产品的总产气量为 $2\times5mL$，乙炔气体含量在气体总量中约占 $5\%\sim15\%$。如某台双柱并联的换流变压器，其总油重为 80t，极性转换开关触头 K 动作了 20 次，触头 K 为 2，油的密度为 $0.9g/cm^3$，其合理的乙炔气体含量范围为

$$V_{max} = 20\times2\times5\times0.15\times0.9/80 = 0.34\mu L/L \tag{5-1}$$

$$V_{min} = 20\times2\times5\times0.05\times0.9/80 = 0.11\mu L/L \tag{5-2}$$

上述计算方法趋于理想，真型试验结果表明：实际运行过程中，乙炔产气量还取决于极性选择器开断动作的时刻，并且有相当大的波动性。因此每次开断所产生的气体平均量是一个统计结果。每次开断所产生的气体平均量取决于恢复电压的平方与操作时流过触头的容性电流的乘积，近似正比于转换能量（恢复电压、容性电流和时间的乘积）。因此，通过配置适当的电位电阻和电位开关，或采用快速开关可以有效降低本体油箱中乙炔等气体的产生，但从原理来看不可避免地会产生乙炔。根据分接开关制造厂家的仿真计算结果，有载分接开关采用电位电阻和电位开关方式时，每次操作 C_2H_2 产气量约为 $0.0047\mu L/L$（折算到 93t 变压器油中），因此 C_2H_2 产气量达到 $0.1\mu L/L$，极性选择器需要动作约 21 次。采用快速开关时，C_2H_2 产气量约为每次 $0.0003\mu L/L$（折算到 93t 变压器油中），因此 C_2H_2 产气量达到 $0.1\mu L/L$，极性选择器需要动作约 300 次。对该厂家在运换流变压器开展空载情况下有载分接开关试验，分接开关切换小循环 200 次，即极性选择器动作 400 次，试验结束 8h 后取样 C_2H_2 含量为 $0.79\mu L/L$。按照上述厂家提供的计算值，可得出 C_2H_2 产气量的计算值为：$0.0047\times400=1.88\mu L/L$。试验值略低于计算值，但乙炔含量的数量级是相当的，气体扩散过程及测试误差等都会对试验值有较大影响。

另外，某运维单位收集了在运换流站乙炔超过 $0.3\mu L/L$ 且怀疑与分接开关极性动作相关的换流变压器，梳理自投运开始每次测试油中溶解气体时的累计过极性动作次数，再去掉停电时的过极性动作次数，分析乙炔数据与过极性次数关联规律。发现 A 厂家分接开关极性动作乙炔增量均值为 $0.0003\mu L/L$，B 厂家分接开关每次过极性动作乙炔增量均值为 $0.007\mu L/L$，且不同换流站的数据存在较大差异，但同一站内的各台设备数值相当。这表明可通过一个站内的同厂家设备进行横向比较，用以辅助判断分接开关的运行情况。

2. 烃类气体组分判断

早期研究认为分析有载分接开关油中溶解气体没有什么意义，因为正常工作时产生的

电弧会导致大量气体产生，但近年来研究结果表明，分析有载分接开关油中溶解气体可提供相当多的信息。

有载分接开关正常切换时，电弧中心的温度为数千摄氏度，分子在此处完全降解，主要产生氢气及乙炔。同时，由于在电弧中心的等离子区和四周的油之间存在温度梯度，也会产生甲烷、乙烯和乙烷等热故障气体，但其生成量仅为电弧产生的氢气和乙炔成分的百分之几。如果上述气体仅来源于电弧，则各气体含量之比相对恒定，但如果显示热故障的气体还有其他来源，则此比例将会发生改变。基于上述原理，ABB 公司采用三种热故障气体的浓度和电弧气体的浓度之比，提出 Stenestam 比值用于判断分接开关热故障，即

$$S = \frac{[CH_4] + [C_2H_4] + [C_2H_6]}{[C_2H_2]} \tag{5-3}$$

式中未包括氢气的浓度，主要原因为氢气的挥发性高，在油中溶解度低，其浓度难以准确测量。结合 Stenestam 比值，其判断标准如下：

(1) 当 $S<0.5$ 时，表示未曾发生过热故障。

(2) 当 $0.5 \leqslant S \leqslant 5$ 时，表示需要再取样品；该比值越高，取样时限应越短，建议如下：$0.5 \leqslant S \leqslant 1$ 时，3～6 个月；$1<S \leqslant 3$ 时，1～3 个月；$3<S \leqslant 5$ 时，1 个月以内。

(3) 当 $S>5$ 时，表示发生了过热故障，应及时安排停电检修。

Stenestam 比值虽然可用于分接开关过热故障诊断分析，但其使用时需考虑如下因素：①如果测得的气体浓度较低，该比例则并无多大意义，建议当乙炔浓度超过 $500 \mu L/L$ 时，才可采用此比值作为分接开关过热故障的判断标准；②单个样品检测结果难以得出可靠信息，因此，建议在一定时限内，取若干个样品，当分析结果呈现一定的趋势时，才可得出相对可靠的结论。

5.3 分接开关油色谱监测诊断应用案例

5.3.1 单乙炔在线监测系统

常用的油色谱在线监测装置主要用于监测变压器本体油中溶解气体的含量，包括氢气、乙炔、一氧化碳、二氧化碳、甲烷、乙烷、乙烯等气体。这种装置包括脱气模块和气体检测模块。首先通过油管，将绝缘油送入脱气模块，油中溶解气体脱出来后，送入气体检测模块进行含量检测。这种设备通常体积比较大，用油量也比较大，结构复杂，且价格昂贵，不适用于真空有载分接开关的在线监测。真空有载分接开关在线监测装置应具有小型化、耗油少、成本低的特点。因此，不少研究学者提出了单组分乙炔油色谱在线监测装置，其中，国网湖北电力科学研究院研发了一种将膜脱气和红外吸收光谱技术相结合的真空有载分接开关乙炔在线监测装置。

该装置分为脱气部分（油室）、气体检测部分（气室）、控制及信号处理部分，装

置结构示意图如图 5-4 所示。整套装置可安装在变压器真空有载分接开关顶部盖板上。

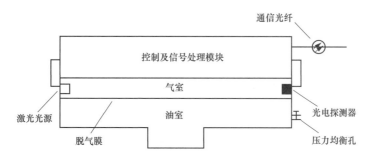

图 5-4　变压器有载分接开关油色谱在线监测装置（单组分乙炔）

1. 脱气部分

脱气部分通过法兰接口直接与变压器真空有载分接开关本体相连。绝缘油通过压力差自然进入油室，油室与进油口相对的另一面是脱气膜，侧边有一通气孔，一温度传感器。通气孔在进油时打开，以使绝缘油能进入油室。油充满油室后关闭通气孔。脱气膜可以让油中溶解的气体透过膜进入气室，而绝缘油无法穿透脱气膜。绝缘油充满油室后，油中溶解的气体便开始逐渐通过脱气膜进入气室。油室高 15mm，直径 150mm。一段时间后，油中乙炔便达到气相液相两相平衡。温度传感器用来测量油温，根据油温不同修正乙炔的气相液相分配系数。

2. 气体检测部分

气室通过螺纹口、密封圈与油室紧密相连。气室侧边上装有 1 个半导体激光光源、2个光电探测器、5 块反射镜、1 块半透半反镜。光源发出的激光首先通过第一块半透半反镜，透射部分射入光电探测器 1，反射部分依次通过五块反射镜，进入光电探测器 2。光电探测器 1 探测的光强作为参考基准用，光电探测器 2 探测的光强作为测量信号用。两个探测器的探测光强之差，和乙炔浓度成正比。双探测器的设计，可以有效消除光源强度的变化对测量结果的影响。5 块反射镜是为了增加光程，增强检测灵敏度。激光器发出的激光中心波长为 $1.56\mu m$，是乙炔的一个吸收峰。由于油中其他溶解气体在此波长处无吸收或吸收很弱，所以不会造成对乙炔的交叉干扰。激光器发射的激光功率是恒定的。气室结构如图 5-5 所示。

3. 控制及信号处理部分。

气室上方为电路部分，负责控制激光器发射激光，以及接收、处理光电探测器输出的信号。半导体激光器控制电

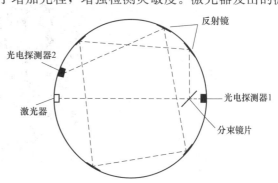

图 5-5　气体检测部分气室
结构示意图

路包括恒温控制和恒电流控制，以保证激光器输出波长和输出功率的稳定性。信号处理电路采集光电探测器 1 和光电探测器 2 输出的电信号，根据朗伯比尔定律，两个探测器探测的光强差和气室中乙炔浓度成正比。当油中乙炔和气室中乙炔达到两相平衡后，检测出气室中乙炔浓度后，再根据乙炔的气相液相分配系数，计算出油中溶解乙炔的浓度。最终的检测结果通过光纤传输到后台进行显示、存储。

5.3.2　油色谱在线监测应用案例

对某 220kV 变电站主变压器 3 台分接开关进行油色谱分析时，发现 B 相开关乙炔含量为 $11.9\mu L/L$，立即停止调压。采用油色谱在线监测系统进行持续跟踪，发现 B 相乙炔逐渐上升，最终达到 $26.2\mu L/L$。在线监测结果如表 5-3 所示。

表 5-3　　　　　　　　　　　　　分接开关油色谱在线监测结果

监测日期	油中溶解气体含量（$\mu L/L$）							
	H_2	CH_4	C_2H_6	C_2H_4	C_2H_2	ΣC	CO	CO_2
第一周	27	22	1.3	11.6	18.8	53.7	126	1453
第二周	32	25.8	1.2	14.6	24.1	65.7	178	1648
第三周	25	24.2	1.0	13.0	21.8	60.0	175	1479
第四周	18	21.6	1.0	12.4	20.4	55.4	151	1475
第五周	22	24.7	1.1	13.9	23.1	62.8	116	1527
第六周	30	30.8	1.5	16.1	26.2	74.6	139	1946

随后对该变压器进行停电处理，在分接开关厂家内开展解体检查，检查情况如下。

（1）外观检查。切换开关外观检查未发现明显放电痕迹，但在切换芯子快速机构下方的各部位安装板上，沉积有微量的细微金属颗粒，颜色主要为黄色，如图 5-6 所示。

(a) 切换开关　　　　　　(b) 切换开关局部　　　　　　(c) 切换开关安装板

图 5-6　切换开关外观检查情况

（2）连接点检查。检查内部接线、各螺栓连接点及各电气机械接触点均符合要求，未发现异常。

（3）真空管检查。拆解检查真空管，并检测真空管真空度、工频耐压，均满足要求，无异常，如图5-7所示。

（4）检查弹簧机构的滑块和挡块。检查弹簧机构的滑块和挡块，发现挡块存在异常磨损，如图5-8所示。图纸要求挡块尺寸为 25～25.13mm，实测为 25.57～25.63mm；与该挡块配合的滑块尺寸要求为 24.915～25mm，实测为 24.94～24.98mm。从两个零件的实测配合尺寸来看，尺寸偏差达到 0.47mm，挡块加工尺寸存在偏差异常现象。挡块的磨损较大，判断为黄色粉末的主要来源。

图 5-7　真空管外观及试验无异常

对挡块进行成分检测，其材质为 H62 铜，检测结果显示铜含量为 62.9%，符合要求。分析认为，挡块加工尺寸存在偏差，在与滑块的相对滑动过程中，产生异常磨损，形成黄色铜颗粒。

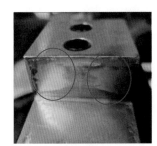

(a) 滑块　　　　　　　　　　　　　(b) 挡块

图 5-8　弹簧机构滑块及挡块检查情况

（5）凸轮盘检查。凸轮盘用于快速旋转提拉真空管的开关臂，因此凸轮盘受力非常大，其材质为 45 号钢，表面采用渗氮处理，用以增强表面硬度。对凸轮盘开展检查，发现凸轮盘上有机械接触造成的磨损，且个别凸轮盘磨损较大。经对四个磨损面进行对比检查发现，其磨损程度不均匀，其中一个面磨损量较大，其余面磨损痕迹相对较轻。分析认为，凸轮盘与提拉真空管的开关臂安装尺寸配合不到位，导致不同凸轮盘与真空管的开关臂滚动摩擦时受力不均，受力大的面异常磨损，产生铁质金属颗粒。

（6）其他零部件检查。对切换芯子的其余部件也进行了检查或检测，未见异常。通过解体检查确认，黄色金属颗粒主要是因挡块尺寸不符合要求导致磨损不均匀、磨损量异常偏大而产生的；亮色、铁质金属颗粒主要为凸轮盘与提拉真空管的开关臂安装尺寸配合不到位，导致不同凸轮盘与真空管的开关臂滚动摩擦时受力不均，受力大的面异常磨损所产生的，如图 5-9 所示。因此，该有载分接开关乙炔异常主要为金属粉末引发的油中局部放电引起。

(a) 俯视图

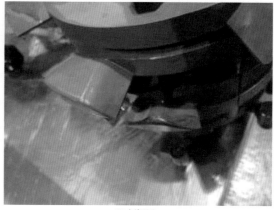
(b) 侧视图

图 5-9 凸轮盘检查情况

　　该分接开关在出现乙炔后未开展调压，但乙炔含量持续增长，可判断为其内部金属粉末引发局部放电。根据运行经验，现有的真空有载分接开关内金属颗粒的数量，相对传统油灭弧开关允许铜钨触头 4mm 的烧损所产生的金属颗粒数量而言，已经有了很大的提高。同时，由于存在相对摩擦，正常量的磨损不可避免，这些颗粒在分接开关内由于会很快沉淀在油室底部，不会影响设备的正常运行。在确保设备安全的情况下，可结合油色谱在线监测系统持续关注设备运行状态。结合该案例可以发现，油色谱在线监测对于持续关注分接开关运行状态具有积极作用。

第6章

基于油压及油流的分接开关在线监测诊断技术

分接开关油压、油流直接影响非电量保护装置的动作情况，但由于非电量保护装置整定通常以定量限值为主，起到越限报警和切断故障的作用，难以实时掌握分接开关运行状态。因此，不少研究学者提出开展分接开关油压及油流监测，获取其动态变化趋势，用于监测分接开关内部可能存在的某些发展缓慢的缺陷。本章主要梳理了分接开关油压及油流监测原理，介绍了适用于分接开关的流量及压力监测传感器和相应监测系统，可为后续相应装置的研发及应用提供思路。

6.1 分接开关油压及油流监测诊断原理

6.1.1 分接开关油压及油流变化机理

由于档位带负载切换，有载分接开关会产生电弧。在切换电弧的作用下，电弧附近的绝缘油将汽化、分解产生氢气和低分子烃类气体，如甲烷、乙烷、乙烯和乙炔等，其中氢气和乙炔占主要成分。当产气速率大于溶解速率时，就在触头区域产生气泡。由于油是不可压缩的液体，气泡占了油的空间，必定有同等体积的油被挤向储油柜。同时，电弧在气泡中不断提供能量，温度升高，压强增大。气体因内外压强不同挤压绝缘油，产生油流涌动。由于油流的惯性较大，所以气体体积膨胀带来的气泡内部压强的释放小于因电弧提供能量而带来的气泡内部压强的升高，所以在电弧燃烧期间，气体内的压强持续增大，当电弧在过零点熄灭时，气泡内部的压强仍然大于外部绝缘油的压强，气泡处于压缩状态，气泡内外的压强差会使气体体积继续增大。

此外，由于气泡上下接触到的外部绝缘油的压强不同，气泡上升，在上升中可能出现气泡的聚并或分离，且随着高度升高，由于气泡外压强的减小，气体体积也会增大，同时气泡运动会带动周围的绝缘油一起流动，最终气液两相流涌入油箱顶部连接管，引起该处油流流速及油压变化，最终冲击气体继电器挡板，导致气体继电器动作。

在此过程中，产气速率取决于触头的电弧功率，即触头的电弧容量。在低能放电中，通过离子反应促使最弱的 C—H 键（338kJ/mol）断裂，重新化合成氢气而积累。对 C—C 键的断裂需要较高的温度（较多的能量），然后迅速以 C—C 键（607kJ/mol）、C＝C 键（720kJ/mol）和 C≡C 键（960kJ/mol）的形式重新化合成烃类气体，依次需要越来越高的温度和越来越多的能量。据有关资料介绍，变压器油分解为炔类气体所需的能量为 830kJ/mol，而其他烃类气体所需的能量为 420kJ/mol。大量的乙炔是在电弧的弧道中产生的，占烃类气体的 70%～80%。取加权平均的分解能量约为 750kJ/mol，即在常压状况下产生单位体积的气体所需要的能量为 33.5kJ/L。

上述过程主要针对分接开关切换负载的情况，同理，若分接开关内部存在过热或局部放电故障，同样会引发分接开关油压及油流的变化。显而易见的是，上述故障的严重程度及位置等因素直接决定了故障能量，也就决定了油压及油流的变化程度。若能通过分析这种变化趋势，了解分接开关内部缺陷或故障情况，则可在非电量保护装置动作之前切断变压器。

由于分接开关油室内部油压及油流监测相对困难，研究学者大多采用在分接开关油室与储油柜间连接管处测量的方式，或采用仿真分析模拟切换过程中分接开关内部油流及油压变化情况。如对于双电阻换流变压器有载分接开关，相关文献对其切换过程的油流涌动仿真结果如图 6-1 和图 6-2 所示。

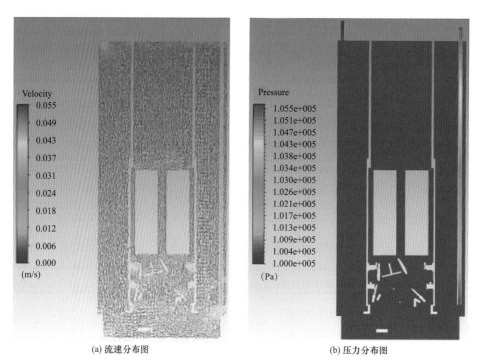

(a) 流速分布图   (b) 压力分布图

图 6-1　换流变压器有载分接开关切换前其内部流速及压力分布图

档位切换前，分接开关油室内油流流动平缓，油流流动现象大多存在于连接管内或其与油室连接部位附近，整体压力也与大气压基本一致。当考虑切换产生燃弧能量时，动触头与快速机构附近油流速明显增大，但其余区域流动仍较平缓，同时整个油室内部压力上升也较为明显。

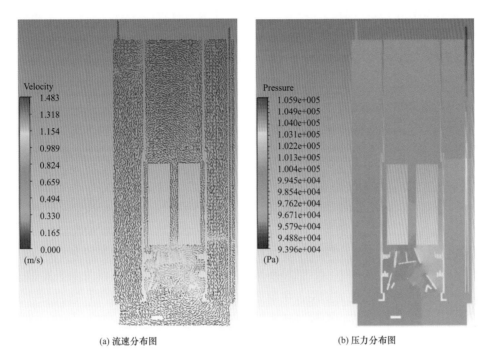

(a) 流速分布图　　　　　　　　　　　(b) 压力分布图

图 6-2　换流变压器有载分接开关切换后其内部流速及压力分布图

6.1.2　分接开关油压监测原理

分接开关油压，即分接开关内部油流压强，是指变压器油对其周围每单位面积施加的力。装满变压器油的分接开关油室包含无数个不断撞击容器壁的原子和分子，压强等于油室壁单位面积受到来自这些原子和分子的力的平均值。同时，压强也不一定要沿油室壁测量，可以通过变压器内部任何平面上每单位面积所受的力测得。压强一般可分为静态压强和动态压强。没有运动时的压强即为静态压强，变压器正常运行状态下的油压可以认为是静态压强。而流体的运动会改变其施加给周围的力，这种压强测量称为动态压强测量。例如，分接开关切换过程中，开关油室内油流通过连接管流向油枕，此处测量的即为动态压强。当前研究大多采用在分接开关连接管处测量油压的方式，即动态压强。

压强测量主要包括三种类型：绝对压强、表压和差压。绝对压强是指真空条件下的压强，通常使用缩写 PAA（帕斯卡绝对压强）或 PSIA（磅每平方英寸绝对压强）来描述。表压是指相对于环境大气压的压强，类似于绝对压强，表压通常使用字母缩写 PAG（帕斯卡表压）或 PSIG（磅每平方英寸表压）来描述。差压类似于表压，但与测量环境大气压不同，差压是测量具体参考压强。差压通常使用字母缩写 PAD（帕斯卡差压）或 PSID（磅每平方英寸差压）来描述。

由于压强测量的应用场景、范围及材料存在很大差异，因此压力传感器的设计有多种类型。一般将压强可以转换为某种中间变量，比如位移，然后传感器将位移转换成电压或电流输出，根据输出值计算得到其压强大小。三种最为常用的压力传感器类型是应变计、可变电容和压电式传感器。

1. 应变计

在所有压力传感器中，基于应变（惠斯通电桥）的压力传感器是最常见的一种，提供的解决方案能够满足不同的精度、尺寸、坚固性和成本需求。桥式传感器可以测量高压和低压应用的绝对压强、表压或差压。所有桥式传感器均使用应变计和膜片。当压力的变化引起膜片偏转时，应变计的电阻会发生相应变化，这个变化可以通过数据采集系统进行测量。应变计的原理如图 6-3 所示。这些应变计压力传感器分为粘贴式应变计、溅射应变计和半导体应变计。

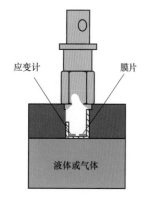

图 6-3　应变计原理图

粘贴式应变计是将一个金属箔应变计粘贴至所测应变的表面上。这些粘贴式箔片应变计能够多年来作为业界标准并继续得到使用，主要原因是它们对压强变化具有快速反应、大范围操作温度的优点。

溅射应变计通过在膜片上喷镀一层玻璃，然后在传感器膜片上沉淀一层薄金属应变计。溅射应变计传感器实际上在应变计元件、绝缘层和感应膜片之间形成一个分子粘层，最适合长时间监测。

半导体应变计一般使用半导体膜片，然后在其上放置半导体应变计和温度补偿传感器。适当的信号调理也以集成电路的形式包括在内，在指定的范围内提供与压力成线性比的电压或电流。

2. 电容式

如果两块金属板距离发生变化，则两块金属板之间的电容也会随之变化。基于此原理，可变电容压力传感器可测量金属膜片和固定金属板之间的电容变化，其原理如图 6-4 所示。这些压力传感器通常较为稳定、线性度较好，但它们对高温非常敏感，其安装也比大部分压力传感器更为复杂。

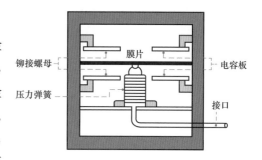

图 6-4　电容式压力传感器原理图

3. 压电式

压电式压力传感器利用自然产生晶体（如石英）的电气属性，其原理如图 6-5 所示。这些晶体在受到压力时会产生电荷。压电式压力传感器无需外部激励源，且十分坚固。但这些传感器确实需要电荷放大电路，且十分容易受到冲击和振动的影响。

动态冲击是压强测量应用中传感器失败的一个常见原因，导致传感器过载。快速移动的液体因阀门关闭而突然停止时发生的水锤现象是压力传感器过载的一个典型范例。液体的动力由于突然受到压制，导致液体管壁发生突然伸展的现象。这种伸展会产生压力突波，可能会损坏压力传感器。为减少"水锤"的影响，传感器和液体之间通常安装一个减震器。减震器通常是一种筛网过滤器或烧结材料，允许加压液体通过，但不允许大量液体通过，因此可以在发生水锤现

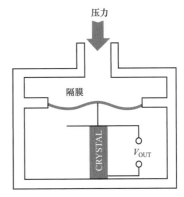

图 6-5　压电式压力传感器原理图

象时避免压力突波。减震器在某些应用中是保护传感器的好选择，但许多测试中，峰值冲击压力正是需要测试的对象。这种情况下，就应该选择不包含过载保护的压力传感器。

6.1.3　分接开关油流监测原理

分接开关油流一般可采用流量传感器测量。流量测量属于工业测量的重要分支，如水流及气流测量等。随着工业生产的发展，对流量测量的准确度和范围的要求越来越高，流量测量技术日新月异。在微电子技术、计算机技术和通信网络技术的融入下，流量传感器不断推陈出新。根据工作原理的不同，可将流量传感器分为以下类型。

1. 容积式

容积式流量传感器出现较早，它的结构比较简单，相当于用一个精密的标准容器对被测流体进行连续计量。被测流体流过时，推动转子旋转，2 个驱动齿轮相互改变主从驱动关系实现连续的、没有死点的不等速旋转运动，了解转子的旋转速度后就可以求出流体的流量。理论上，这种类型流量计的测量精度与流体的种类、黏度、密度等属性无关，测量误差一般为±（0.2%～0.5%），可作为工业流量计量的标准仪表。但当被测管道直径较大时，仪表本体显得过于笨重。

2. 涡轮式

涡轮流量传感器是近 30 年发展起来的速度式测量仪表，其工作原理是将涡轮置于被测流体中，液体流动冲击涡轮叶片转动（涡轮的转速与流体的流量成正比），再通过磁电转换装置将涡轮的转速转换为相应的电信号输出。涡轮流量传感器具有测量精度高、测量范围广等优点；但由于涡轮必须安装在管道内，对被测流体的清洁度要求较高；流体的温度、黏度、密度对测量精度影响较大；转动部件会带来轴承的磨损，影响传感器的使用寿命。

3. 差压式

差压式流量传感器生产历史较长，应用十分广泛，生产已标准化，种类也很多，如孔

板、音速喷嘴、均速管、文丘里管等流量传感器。差压式流量传感器工作原理是利用当流体流过内置于管道中的节流件时，其前后会出现一个与流量相关联的压力差值，通过测量压差值就可获得流量值。其特点是节流件的机加工精度高，安装要求严格，其前后必须有足够长的直管道，保证流体流态稳定；流体压损大；对于低流速流体，产生的差压小，误差增大；不适于脉动的流体测量。

4. 动量式

最为典型的动量式流量计是靶式流量计，是 20 世纪 60 年代发展起来的产品，常用来测量较高黏度油料的流量。它的主体是一个圆盘型靶，液体流动时，流动质点冲击在靶上，使靶产生微小的位移，这个位移量反映了流量的大小。

5. 变面积式

转子流量传感器属于典型的变面积式传感器，其出现较早，但在近几十年才被广泛应用于工业测量。它具有灵敏度高、结构简单、直观、压损小、测量范围大、价格便宜等优点。它由一个锥形管和一个置于锥形管中可以上下自由移动的转子组成，传感器垂直安装在测量管道上，被测流体由下向上流动，推动转子，转子悬浮的高度就是流量大小的量度。

6. 流体振荡式

卡门涡街流量传感器是 20 世纪 70 年代发展起来的基于流体振荡原理的测量仪表，近年来发展迅速，它利用插入到流体中漩涡发生体产生的漩涡频率与流速有确定关系的原理，获得流量。其特点是流体压损小；可以用于液、气的测量，可测量流速及质量流量；对流态要求稳定，管道条件要求严格，必须在漩涡发生体前后有一定长度的直管段，价格比较高。

7. 振荡式

电磁流量传感器是随着电子技术的应用而发展起来的新型振荡式流量仪表，现已广泛应用于各种导电液体的流量测量领域。根据法拉第电磁感应定律，导电的液体通过测量仪表流动，相当于导体通过磁场作切割磁力线的运动，由此感应出电动势，这个电动势与平均流速成正比。

电磁流量计原则上不受流体的温度、压力、密度和黏度等影响，且管道内部无阻挡部件和活动部件，不会改变流体原来的状态。流速在 $0 \sim 100 \mathrm{m/s}$ 范围均可应用，且适合于易燃、易爆、腐蚀性强的介质。但它在某些方面也有局限性：被测介质必须是导电液体，电导率大于 $10^{-3} \mathrm{S/m}$；不能用来测量铁磁性介质的流量；信号易受外磁场干扰。

8. 玻耳帖式

玻耳帖式低流速气体传感器（流速大于 $2 \times 10^{-2} \mathrm{m/s}$）是基于玻耳帖电动势原理和温差电动势原理，传感器自身温度仅 15K，没有热紊乱。敏感元件上涂有保护膜，抗污染腐蚀能力强、寿命长，由于其自身温度不高，所以对气体温度要求不严，可以测量高温流体，工作温度范围宽。

9. 光纤式

光纤流量传感器是将光纤技术与流量传感器组合到一起，使流量信息经过传感器后在光纤发讯头处转换成光信号。再经光纤传输到后续处理系统，实现远距离传输，便于实现传感器网络化管理，1台微机即可以管理监控多个传感器。这样既保持了原传感器的优势，又融入了光纤传输线路抗干扰的优点。

10. 超声波式

超声波流量传感器是依据超声波在流体中传播时会载带流体流速信息的原理，适用于两相流流体测量，要求被测流体含有一定量的能反向超声波的介质，即流体中有固体粒子或气泡等两相介质。根据检测的方式，可分为传播速度差法、多普勒法、波束偏移法、噪声法及相关法等不同类型的超声波流量计。十几年来，随着集成电路技术的迅速发展，超声波流量计的发展较为迅速。

超声波流量计的流量测量准确度几乎不受被测流体温度、压力、黏度、密度等参数的影响，又可制成非接触及便携式测量仪表，故可解决其他类型仪表所难以测量的强腐蚀性、非导电性、放射性及易燃易爆介质的流量测量问题。另外，鉴于非接触测量特点，再配以合理的电子线路，一台仪表可适应多种管径测量和多种流量范围测量。超声波流量计的适应能力也是其他仪表不可比拟的。超声波流量计具有上述一些优点，因此它越来越受到重视并且向产品系列化、通用化发展，现已制成不同声道的标准型、高温型、防爆型、湿式型仪表以适应不同介质、不同场合和不同管道条件的流量测量。

11. 质量式

科理奥利质量流量传感器应用广泛，20世纪70年代产生于美国，液体和气体测量均可适用。该类传感器基于流体力学原理，建立流体质量流量与流体作用力之间的函数关系，主要适用于液体测量，对于气体测量则要求在高压下，以确保质量流量在测量范围内，适于在管道口径小于200mm条件下的测量，当流体压力变化大时，测量误差增大。

12. 激光式

多普勒传感器将激光技术引入到流量测量中，与多普勒流量传感器相结合。它可以测量低流速流体，抗干扰能力强，精度高，但必须在流体中注入反射粒子，这就限制了它的测量范围。

13. 热线式

热线式流量传感器为流量计量带来了一场革命，实现了直接测量流体质量流量的目的。它利用传热学和流体力学理论，采用热平衡原理，建立热敏元件热量损失与流体流速、质量流量之间的函数关系，从而获得流体流速、流量。热线式流量传感器主要有热线式、热敏电阻式、半导体集成电路式等多种，根据管道中热元件的热量耗散与流速、质量的关系实现流量的测量；表面热阻式，就是把热源放在管道的外侧，加热管内流体，通过测量流体热量的变化求出质量流量。

虽然由于电子技术的飞速发展和各种补偿技术不断提高，热线式流量传感器的精度大大提高，测量范围扩大，但热线式流量传感器一致性很差，难以进行批量生产；当测低流速流体时，传感器的热紊乱很大、热线抗污染腐蚀能力差，且价格高、易损坏；测量中有电子噪声，导致它的响应速度下降。

分接开关油流监测一般采用在分接开关与储油柜连接管处安装流量传感器的测量方式，因此可选用上述多种类型传感器，但要注意的是，由于此位置通常与非电量保护装置相连接，因此需要考虑传感器接入（如对油流流速改变、传感器损坏等）对保护装置动作特性的干扰及影响，以防止外部因素对分接开关运行的影响。

6.2 分接开关油压及油流监测诊断系统

6.2.1 分接开关油压监测诊断系统

国内外针对分接开关油压监测诊断系统的开发相对较少，目前国网江苏电科院、国网辽宁电科院、国网河北电力有限公司研制了相应监测诊断系统，其原理与思路大致相似。以辽宁电科院研制的油压监测系统为例，其主要原理为在分接开关油室与储油柜间的连接管上设置 T 型管路，通过在此处安装压力传感器测量分接开关油压，并传输至远程智能终端，运维人员即可通过压力绝对值及压力值变化情况判断分接开关运行状态，如图 6-6 所示。

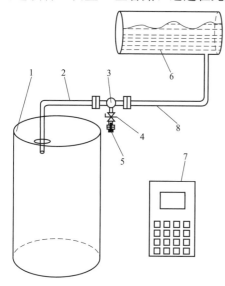

图 6-6 分接开关油压监测结构原理图
1—有载分接开关油室；2—分接开关和储油柜间的第一连管；3—T 型管路；4—阀门；5—压力传感器电子标签螺栓；6—有载分接开关储油柜；7—智能终端；8—分接开关和储油柜间的第二连管

该系统应用流程及应用场景如下：

（1）在安装压力传感器电子标签螺栓之前，通过智能终端将压力传感器电子标签螺栓的唯一的身份标识写入超高频、可自动调整可匹配芯片中，智能终端被预先写入压力传感器电子标签螺栓的阻抗值与压力值的解析程序。

（2）当运维人员巡视到变压器有载分接开关附近时，通过智能终端发射信号，当压力传感器电子标签螺栓接收到信号时即启用。

（3）压力传感器电子标签螺栓读取到其内部芯片在安装前写入的身份标识与智能终端搜索的身份标识一致时，传感器所测得的压力值转换为阻抗值，并通过超高频射频天线返回到智能终端。

（4）智能终端通过预先写入的阻抗值与压力值的对应关系，解析出有载分接开关油室的压力值，从智能终端上读取有载分接开关油室的压力值，以便进行检修决策制定。

国网河北省电力有限公司研制的有载分接开关油压在线监测系统则通过在分接开关油压表内安装压力变送器（数据采集模块），直接采集油压变化情况，并将其传送至上位机。其功能类似于目前常用的智能数字压力表，其对于油路的改变程度小于 T 型管路改造的方案。

相比于振动监测，分接开关油压监测更为简单、直观，输出数据大多为分接开关的油压值，其诊断方法也以油压绝对值或变化趋势判断两种为

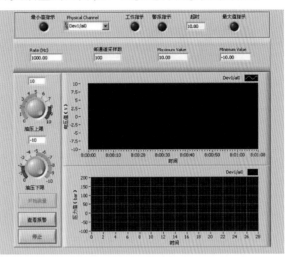

图 6-7　某充油设备油压在线监测系统

主。因此，某研究机构研制的充油设备油压在线监测系统界面如图 6-7 所示，可用于展示油压变化曲线，并根据预定油压上限及下限实现油压在线预警。

6.2.2　分接开关油流监测诊断系统

目前，分接开关油流监测诊断系统大多处于研发或试用阶段，但其原理与油压监测类似，如可采用 T 型管路内安装流量传感器测量油流流速的方式，在此不再详细描述。但需要注意的是，相对于油压监测，油流监测对原油路系统的影响可能会大一些，即需要考虑采用合适的监测方式消除传感器对油流流速的影响。

第7章

分接开关非电量保护及统一化配置原则

分接开关的安全稳定运行离不开其内部设置的安全保护装置，如有载分接开关油室内的油流控制继电器和过压力释放装置等，这些保护装置在一定程度上降低了分接开关的故障概率，减轻了故障危害程度。本章主要梳理了分接开关的保护装置，重点介绍非电量保护装置及其选用原则，同时，针对当前不同分接开关厂家产品非电量保护设置多样、运维单位使用不易等问题，推荐了分接开关非电量保护统一化配置原则，可为分接开关非电量装置保护性能提升提供参考。

7.1　分接开关非电量保护装置

7.1.1　分接开关的保护分类

分接开关的保护主要分为：安全保护，过电流保护，电动和手动机构的联锁保护及电动、机械限位，自动调压时的延时装置，带电滤油器和在线净油器，剪切导线及放电间隙和保护电阻七类。

1. 安全保护

埋入型电阻式有载分接开关的切换开关置于单独容器中，其油与变压器油箱中的油不相混合。因容器中油质会逐渐下降（一般规定其击穿电压不小于 30kV），此外还应配置单独的储油柜、吸湿器、压力释放阀（以前用安全气道）、油流继电器和防爆膜，以保证开关安全运行，事故时压力释放阀等保护装置发出信号，严重事故时使切换开关的容器不致破坏。

2. 过电流保护

有载分接开关不保证有切断超过 2 倍额定电流的能力，因此开关应有过电流保护装置，使其在变压器发生短路或超过 1.5 倍开关额定电流以上的过电流时，开关不进行切换（1.5 倍是变压器运行规程规定）。

3.电动和手动机构的联锁保护及电动、机械限位

在有载分接开关已切换到极限档位（1档或N档）时，若再往极限档位切换，则可能造成开关机械结构损坏或燃弧烧毁。电动限位和机械限位保护功能可有效防止上述情况的发生。当此装置使开关在手动操作中，电动驱动机构不能投入运行；在电动操作中，手动驱动机构不能投入运行，以免手动、电动同时投入的误操作而发生危险。

4.自动调压时的延时装置

这种装置主要用于当电网有偶然短时波动（数秒至数十秒）时，限制开关不得进行调压。大型电动机的启动、大负载的突然投入或突然失去、重合闸重新投入等都会使母线电压有短时下降或上升，而后自动恢复至原电压，这个过程一般为数秒至数十秒。因此，如有载变压器用于自动调压系统，电网电压变化时，应通过延时装置隔一段时间，才发信号命令开关调压。在延时的那段时间内，电网电压已恢复，则不发调压信号。这样开关可以减少许多不必要的切换，延长开关的寿命。

5.带电滤油器和在线净油器

对于应用于操作次数很高场合的有载分接开关，例如每年超过3万次，或者通过电流很高，或者绝缘水平特别高。特别是用在线端调压时，可以加装带电滤油器，滤油可以改善切换开关机械部件的耐久性，并保持切换开关油及相关绝缘的绝缘强度。一般说，滤油可以将两次检查之间的操作次数提高一倍，显著降低维修和换油所花费的费用。

6.剪切导线

在进口的VSG型真空有载分接开关（装在SF_6变压器中）上设有剪切导线保护。若分接头发生短路，剪切导线被融化，利用热量的反作用，驱动瞬时压力继电器使断路器跳闸。

7.放电间隙和保护电阻

对M、MS型开关在切换开关中采用锯齿形放电间隙，锯齿间间隙为5 ± 0.2mm，防止雷电过电压对开关级间的损害。对RM、R、G型开关（MR公司）和VSG型真空开关（日本产）采用保护电阻或氧化锌可变电阻器，防止雷电冲击电压侵入级间而引发故障。

7.1.2 分接开关安全保护

切换开关油箱内任何由电弧引起的故障都能使电能转换为热能。故障时所释放出的热量取决于许多因素，例如电源的短路功率、变压器的额定功率和切换开关的通过电流等。在切换开关油箱内出现故障时，保护装置必须立即将变压器和电源断开，以避免损坏分接开关或者变压器。IEC 60214和GB/T 10230规定，为了尽量减少切换开关或选择开关的油（气）室内部故障引起的后果，应装备一个保护装置，此保护装置应具有检测电弧故障的功能。所选的用于分接开关的一个保护装置应由分接开关制造厂家推荐，且至少应安装一个保护装置。安全保护装置在变压器中的位置如图7-1所示。

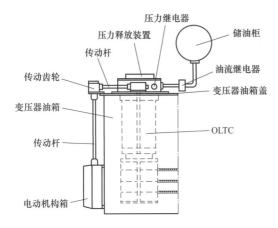

图 7-1 分接开关保护安装位置示意图

每个分接开关必须有保护继电器。如果分接开关是由多只组成，则每只都必须装有保护继电器，从切换开关油室流到分接开关储油柜的油量可以启动它。在切换开关内有低能故障时，将会引起油流流量的异常改变。因此，保护继电器必须装在切换开关油箱和分接开关储油柜之间。在安装时必须注意，保护继电器和油箱之间的连接管的斜度至少为2％。通向油箱的管子不应太长，而且应尽可能减少弯曲。如果不注意上述因素，将可能导致气体无法排出，而影响保护继电器的功能。目前，有载分接开关与变压器本体储油柜一体化设计的大多采用QJ2-25气体继电器和QZF-200油表，而单独设置储油柜的有载分接开关则大多采用QJ2-25气体继电器和玻璃管油表。QJ2-25型气体继电器或进口RS2001油流继电器只有重瓦斯触点，这类继电器主要靠挡板开口调节动作流速。在完成整定试验后的现场安装时，应手动检查并保证挡板动作灵活、开口符合要求、干簧触点开合良好，且箭头指向储油柜，视察窗要便于观察。

常用于分接开关的保护继电器主要包括压力继电器、油流继电器和气体继电器三种。ABB公司主要采用在分接开关本体上安装压力继电器的保护方式，而国内电力系统有载分接开关的保护继电器主要有两种：一种是采用GB/T 10230标准所规定的油流控制继电器，如ZY型开关配置的；另一种则是气体继电器，如SYXZ型开关配置的。

1. 油流继电器

油流继电器的常用方法是安装在有载分接开关切换油室与储油柜之间的管路中，同时尽可能的靠近分接开关的切换油室。油流继电器是由从切换开关或选择开关油室流向储油柜油流的升高来触发的，对切换开关油室内短时间的较低到较高功率的故障做出响应，切断变压器，从而避免有载分接开关和变压器的损坏。油流继电器外观如图7-2所示。

油流继电器采用户外式设计及挡板结构，由带永久磁钢的挡板组成，其干簧触点的动作机构安装在一铸铝合金的壳体内，挡板依靠永久磁钢的吸力处于闭合位置。挡板上有一通孔，切换机构正常变换时，触头断开电弧使油分解，产生的气体穿过挡板孔，经向上倾斜（坡度为2％～4％）的管道自储油柜逸出。一

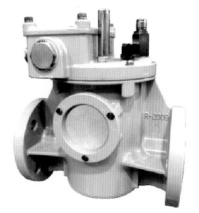

图 7-2 油流继电器

且挡板打开后，永久磁钢又吸动干簧触点，接通跳闸回路。干簧触点有一对动合触点或一对动断触点，有特殊要求也可提供两对动合触点或两对动断触点。

油流控制继电器的动作特性主要以反应灵敏度来表示。反应灵敏度有静态和动态两种。静态反应灵敏度用整定油流速度表示，试验时采用一个循环泵提供一个流量准确的油流，并将油流逐渐增大直至气体继电器挡板动作。动态反应灵敏度以冲击油压及挡板动作的反应时间来表示，它反映油室内部故障时油流控制继电器的动作情况。值得注意的是，继电器最小动态反应力必须大于油室正常变换操作的工作压力（300kPa）。否则，油室内切换机构正常变换操作就可能造成保护继电器的误动作。

油流控制继电器在变压器上已经应用多年，它的优点是工作可靠，很少或者不会误动作。它的缺点是响应时间比其他类型继电器的响应时间长。因此，部分分接开关厂家也采用压力继电器作为油流控制继电器的补充保护。

2. 压力继电器

当分接开关油压上升超过压力整定值时，不管是静态压力还是动态压力，压力继电器都会动作。压力反应速度以 1.2m/ms 的速度传播，故压力继电器在开关内部压力上升到输出跳闸信号的时间仅为 10~15ms。若使用油流继电器，要使管道中的油加速到继电器动作的速度（如 1.5m/s 时），反应时间较长。根据 ABB 公司的测试结果，油流继电器的反应时间约为 150ms，因此，ABB 公司推荐用压力继电器，但也可以使用油流继电器。压力继电器采用反压力弹簧和机械耦合微动开关的气压管动作原理。当油内压力超过规定值后，油压通过顶杆使微动开关闭合，使变压器从主电路切除，以达到保护目的。压力继电器外观如图 7-3 所示。

图 7-3　压力继电器

3. 气体继电器

气体继电器作为切换开关油室内部故障的主要保护装置，它大多数采用挡板结构，挡板上有一通孔（由于气体继电器比油流继电器的此排气通孔要小，但不宜太小，太小积炭易堵）。切换开关正常切换时，触头电弧使油分解而产生的气体穿过挡板孔，经管道到储油柜内逸出。如果切换开关产生严重故障，油室内将出现油的浪涌，油流冲开挡板，接通气体继电器跳闸触点，将有载调压变压器从电网中切除，起到防止事故扩大的保护作用。气体继电器外观如图 7-4 所示。

常用的 QJ1-25 或 QJ2-25 型气体继电器只有一副跳闸触点，无信号动作触点，若要求配置动作触点，可选用 QJ1-50 或 QJ2-50 型。QJ4G-25 或 QJ6G-25 型气体继电器又称重瓦斯继电器，其功能与德国 MR 公司 RS2001 型油流继电器相似，适用于有载分接开关的安全保护。

图 7-4　气体继电器

4. 过压释放装置

过压释放装置主要由爆破盖、爆破膜和压力释放阀组成。

爆破盖是过压释放装置中最为简便的一种，是人为地在油室头部盖上制造一个薄弱环节。一旦油室压力超过整定值时，顶破爆破盖，在切换油室盖上留下足够大的孔，释放油室内过压，使压力急剧下降，从而避免油室破坏。爆破盖可以是一个固定在有载分接开关头盖上的独立元件，使其爆破压力值整定在较低范围内，一般为 300（1±20%）kPa，也可以与有载分接开关头盖铸为一体，并人为加工形成薄弱区域。这种爆破盖损坏后必须更换整个头盖，所以，爆破盖整定释放压力较独立元件高，一般为 400～500kPa。

压力释放阀是一种自动密封的释放阀，一般安装在 OLTC 油室的头盖上，如图 7-5 所示。当油室内的压力超过压力释放阀开启压力动作值时，阀盖将被打开，开启时间应不大于 2ms，压力释放后，压力释放阀将被闭合，将动作时刻的液体流失降至最小。同时，由标志杆显示压力释放阀的反应是否进行，必要时可提供信号触点。压力释放阀动作压力整定值一般为 85～138kPa，动作时间约为 20ms。

分接开关及变压器厂家可根据需求选择上述保护装置。当根据要求选择保护装置或同时配置两种或多种保护装置时，需要考虑不同保护装置的动作特性及其配合问题。分接开关常用保护装置的动作特性如图 7-6 所示。

图 7-5　压力释放装置

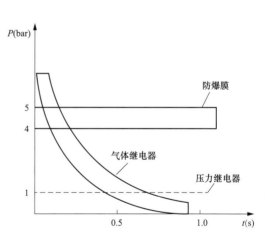

图 7-6　分接开关保护动作特性示意图

7.1.3　分接开关保护检验

为保证分接开关安全保护装置的安全运行及动作特性，应对其开展检验。以气体继电器为例，安装前必须开展检验，其后续校验周期可结合变压器大修进行，但一般不得大于

5 年，同时包括继电器误动作、拒动或检修后等必要时。根据 DL/T 540—2013《气体继电器检验规程》，继电器的检验项目如表 7-1 所示。

表 7-1   气体继电器保护检验项目一览表

检验项目	型式检验	安装前检验	例行检验
外观检查	★	▲	●
绝缘电阻检查	★	▲	●
耐压试验	★	▲	●
密封性	★	▲	●
流速整定值	★	▲	●
气体容积整定值	★	▲	●
干簧接点导通试验	★	▲	●
防水性能试验	★		
抗震能力	★		
反向油流试验	★		

注　表中★、▲、●表示须开展此试验项目。

气体继电器保护检验项目所对应的检验方法和规则主要包括以下内容。

（1）外观检查：

1）继电器壳体表面光洁、无油漆脱落、无锈蚀、玻璃窗刻度清晰、出线端子应便于接线；螺杆无松动、放气阀和探针等应完好。

2）铭牌应采用黄铜或者不锈钢材质，铭牌应包含厂家、型号、编号、参数等内容。

3）继电器内部零件应完好，各螺丝应有弹簧垫圈并拧紧，固定支架牢固可靠，各焊缝处应焊接良好，无漏焊。

4）放气阀、探针操作应灵活。

5）开口杯转动应灵活。

6）干簧管固定牢固，并有缓冲套；玻璃管应完好无渗油，根部引出线焊接可靠，引出硬柱不能弯曲并套软塑料管排列固定；永久磁铁在框架内固定牢固。

7）挡板转动应灵活。干簧触点可动片面向永久磁铁并保持平行，尽可能调整两个触点同时断合。

8）检查动作于跳闸的干簧触点。转动挡板至干簧触点刚开始动作处，永久磁铁面距干簧触点玻璃管面的间隙应保持在合理范围内。继续转动挡板到终止位置，干簧触点应可靠吸合，并保持其间隙在合理范围内，否则应进行调整。

（2）绝缘强度试验：

1）使用 1000V 绝缘电阻表测量干簧触点的绝缘电阻，应不小于 300MΩ。

2）出线端子对地以及无电气联系的出线端子间，用工频电压 1000V 进行 1min 介质强度试验，或用 2500V 绝缘电阻表进行 1min 介质强度试验，无击穿、闪络。采用 2500V 绝缘电阻表在耐压试验前后测量绝缘电阻，应不小于 10MΩ。

（3）密封性：

1）对挡板式继电器密封检验，其方法是对继电器充满变压器油，在常温下加压至0.2MPa、稳压20min后，检查放气阀、探针、干簧管、出线端子、壳体及各密封处，应无渗漏。

2）对空心浮子式继电器密封检验，其方法是对继电器内部抽真空处理，绝对压力不高于133Pa，保持5min。在维持真空状态下对继电器内部注满20℃以上的变压器油，并加压至0.2MPa，稳压20min后，检查放气阀、探针、干簧管、浮子、出线端子、壳体及各密封处，应无渗漏。

（4）流速值：

1）继电器动作流速整定值以连接管内的稳态流速为准，流速整定值由变压器、有载分接开关生产厂家提供。

2）继电器动作流速整定值试验。油流速度从0m/s开始，以30%～40%的流速整定值进行冲击，稳定3～5min，观察其稳定性；然后开始缓慢、均匀、稳定增加流速，直至有跳闸动作输出时测得稳态流速值为流速动作值，从缓慢、均匀、稳定增加流速开始至有跳闸动作输出时流速的平均变化量不能大于0.02m/s。重复试验3次，继电器各次动作值误差不大于±10%整定值，3次测量动作值之间的最大误差不超过整定值的10%。

3）继电器检验不符合整定值时，可调整的继电器应进行调整，使之达到整定值。

4）继电器检验时，油温应在25～40℃之间。

（5）气体容积值：

1）将继电器充满变压器油后，两端封闭，水平放置，打开继电器放气阀，并对继电器进行缓慢放油，直至有信号动作输出时，测量放出油的体积值，即为继电器气体容积动作值。重复试验3次。

2）$\phi50$、$\phi80$继电器：气体容积动作范围为250～300mL。

3）继电器检验不符合整定值时，可调整的继电器应进行调整，使之达到整定值。

（6）防水性能试验：

防水性能试验按GB 4208—2017《外壳防护等级（IP代码）》第14.2.5条进行。

（7）抗震能力：

将继电器充以清洁的变压器油，在跳闸接点上接以指示装置，然后装在振动台上，做正弦波的振动试验。频率为4～20Hz（正弦波），加速度为40m/s^{2}时，在x、y、z轴三个方向各试1min，指示装置不发出信号为合格。

（8）反向油流试验：

以继电器的最大油流速度，反向冲击3次。继电器内各部件应无变形、位移和损伤。然后再次进行流速值、气体容积值、绝缘电阻检查，其性能仍应满足要求。

(9) 干簧触点试验：

1) 干簧触点断开容量试验。采用直流电源、干簧节点和灯泡负载形成串联电路，通过对继电器进行油流冲击使干簧管产生开断动作，重复试验 3 次，应能正常接通和断开。采用直流 110V 供电时负载选用 30W 灯泡进行试验；采用直流 220V 供电时负载选用 60W 灯泡进行试验。

2) 干簧触点接触电阻。在干簧触点断开容量试验后，其触点间的接触电阻应小于 0.15Ω。

7.2 分接开关非电量保护配置原则

根据 IEC 60214—2—2019、GB/T 10230.2—2007《分接开关 第 2 部分：应用导则》有关规定，油浸式有载分接开关的切换开关油室与分接选择器必须带有各自独立的油系统。因此，一个有载调压变压器形成了两个各自独立的油系统。切换开关（或选择开关）油室单独设置一个油系统的目的是对油室进行压力上升监控，同时将其油室内部故障所引起火灾和爆炸的风险降到最小。非电量保护装置对及时切断分接开关缺陷、防止缺陷进一步发展具有重要意义，因此，非电量保护装置的选用关系着分接开关的安全稳定运行。经过近几十年的发展及应用，分接开关非电量保护装置的配置原则及方法已基本成熟。结合相关文献及现场调研情况，本节主要从气体继电器及压力释放装置两个方面介绍非电量保护装置配置原则。

7.2.1 气体继电器配置原则

油流控制继电器与压力释放装置配合使用是构成分接开关油室的主要安全保护。油流控制继电器一般安装在分接开关油室与储油柜之间的管路中。继电器是由从切换开关或选择开关油室流向储油柜油流的升高来触发的。

继电器动作特性是以反应灵敏度来表示，反应灵敏度有静态和动态两种。静态反应灵敏度用整定油流速度表示。这个试验是用一个循环泵提供一个流量准确的油流，这个油流逐渐增大到继电器挡板开始动作为止，油流的测量借助油流量计来进行。油的流速与油的入口处截面及挡板开孔（或间隙）尺寸大小有关。动态反应灵敏度是以施加冲击油压及其挡板动作的反应时间来表示。动态反应灵敏度试验是利用专用试验装置来进行，即在油压箱里的油充空气压力加压及电磁阀门瞬时打开引起冲击油流使挡板动作。从电磁阀门打开到继电器接点反应的时间用示波器拍摄示波图取得。动态反应灵敏度试验可真实地模拟油室内部故障时继电器的动作反应。

DL/T 574—2021《有载分接开关运行维修导则》第 5.1.2.4 条要求：油中熄弧有载分接开关宜采用油流控制继电器保护，不带轻瓦斯接点，流速定值由制造厂确定；油浸式真空有载分接开关宜使用气体继电器保护，带轻瓦斯接点，且为挡板式结构，定值由制造厂确定，其管径尺寸应符合设计要求，并经过校验合格。气体继电器兼有油流控制（俗称重瓦斯）和气体控制（俗称轻瓦斯）两大功能。油流控制采用档板式结构，其功能与油流控制继电器功能相似。气体控制采用浮筒式结构，分接开关触头切换所产生的电弧气体逐渐聚集在继电器内部，迫使继电器浮筒下降到整定位置时，接通信号接点。因此，国产分接开关运行中发生轻瓦斯频繁动作与发信报警的状况较多。这种信号报警提醒运行人员进行分析判断，若判断分接开关运行正常，可以通过放气使轻瓦斯信号复归；若判断分接开关运行异常，则停止调压操作和进行检修。

国产分接开关油室常用的气体继电器有 QJ4-25、QJ4G-25 和 QJ6-25 三种型式。其优点是工作可靠和很少（或者没有）误动作，已被运行所证实。由于这种继电器本质上是一种液流继电器，其缺点是响应的时间比其他型式继电器的响应时间长。值得注意的是，继电器最小动态反应力必须大于油室正常变换操作的工作压力 30kPa。否则，油室内触头切换机构正常变换操作就可能造成继电器保护的误动作。因此，分接开关油室配置的气体继电器是按其保护功能和整定油流速度来选用的。

1. 按保护功能选用

对于油浸式分接开关，应按切换开关或选择开关触头的切换方式及油室所需的保护功能来选用不同型式的气体继电器。

对于铜钨触头油中自由开断的切换开关或选择开关，正常变换操作中就会产生气体。因此，GB/T 10230.2—2007《分接开关 第 2 部分：应用导则》指出，采用"增加靠气体积聚而动作的接点"双浮子（轻重瓦斯）气体继电器是不合适的。因此，应正确选用带有油流控制的重瓦斯保护气体继电器。对于真空切换的切换开关或选择开关，正常变换操作的电弧在密封真空管中熄灭而不外露。为提高运行可靠性，真空切换回路中往往增加机械隔离触头作为后备保护。一旦真空管泄漏或切换失败，机械隔离触头带弧转换负载电流，引发电弧并产气。为了监控这一异常状况，真空切换分接开关应选用油流控制兼气体控制的轻重瓦斯保护气体继电器来监控，必要时对油中溶解气体进行分析。

2. 按整定油流速度选用

油室配置气体继电器是按它的整定油流速度这一重要参数来选用，即按分接开关正常切换时产生的油流和故障发生时所产生油流来选用。选用与油流速度相匹配的原则如下：

（1）分接开关正常切换时产生的油流速度应小于继电器的整定油流速度，保证正常负载切换时不发生保护误动作，且应留有安全保护裕度。

（2）继电器的整定油流速度应小于分接开关故障时的最小油流速度，起着分接开关故障时保护作用。

7.2.2 压力释放装置配置原则

根据 IEC 60214—2—2019、GB/T 10230.2—2007《分接开关 第 2 部分：应用导则》

的要求，油浸式有载分接开关的切换开关（或选择开关）油室必须带有独立的气体继电器和压力释放装置等安全保护装置。分接开关油室安装气体继电器，可防止事故扩大。但带有大量能量释放的故障，瞬间可能产生强压力波，压力峰值异常高。这种压力波易导致切换开关或选择开关油室的损坏。为了防止这种损坏，通常将压力释放装置安装在分接开关的油室上。压力释放装置经常是单独使用或与气体继电器并列使用。分接开关油室大致采用下述三种安全保护方式：

(1) 爆破盖与气体继电器两者配合使用。

(2) 压力释放阀替代爆破盖，即压力释放阀与气体继电器两者配合使用。

(3) 压力释放阀、爆破盖与气体继电器三者配合使用。

爆破盖与气体继电器两者配合使用是分接开关油室最常用的传统安全保护方式。随着采用压力释放阀的作为分接开关油室泄压装置的逐步推广，需要考虑对其选用和动作特性配合的问题。

1. 压力释放阀整定释放压力的选取

压力释放阀整定释放压力按下述要求的原则进行选取。

(1) 按压力释放阀主要特性参数选取。

压力释放阀的开启压力、关闭压力、开启时间及释放口径为其主要特性。这些参数决定了压力释放阀的动态特性，并提供正确选用的依据。

开启压力指的是释放阀的膜盘跳起，变压器油连续排出时，膜盘所受到的进口压力。在分接开关油室内部发生故障时，油室内部压力急剧上升，释放阀的膜盘所受的压力达到或超过开启压力的状况下，膜盘的开启时间应不大于 2ms。对于带有机械信号标志的释放阀，当释放阀开启后，标志杆应明显动作。释放阀关闭时，标志杆仍滞留在开启后的位置上，然后手动复位。装有信号开关的信号接点应可靠地切换并自锁，然后由手动复位。关闭压力指的是释放阀的膜盘重新接触阀座或开启高度为零时，膜盘所受的进口压力，即通过密封装置的泄漏停止时的压力。关闭压力值约为开启压力的一半。在分接开关正常变换操作时，油室内部工作压力不应超过释放阀的关闭压力。否则，压力释放阀的压力释放可能缓慢进行，发出"嘶嘶"的泄气声音，此时动作指示杆会稍微凸起，标志杆或报警开关可能不动作。

开启压力等级的选择是由关闭压力的大小决定的。一般开启压力按式（7-1）计算：

$$P_O = 2P_G = 2(P_H + P_K + P_Q) \tag{7-1}$$

式中　P_O——压力释放阀开启压力。

　　　P_G——压力释放阀关闭压力，其值约为开启压力的一半。

　　　P_H——分接开关油室的工作压力，对于大中型分接开关，由于其储油柜较高（油位差约 3m），油室的工作压力值为 30kPa；对于小型分接开关，由于其储油柜较低（油位差约 0.5m），油室的工作压力值为 10kPa～15kPa。

P_K——附加的安全裕度的压力，其值约为 10kPa。

P_Q——带滤油器的油流附加的安全裕度的压力，其值约为 10kPa。

根据上述条件可计算得到开启压力值为 100kPa，从标准系列的压力释放阀中选取开启压力为 138kPa 的标准规格。

（2）从油流控制继电器、压力释放阀和爆破盖三者保护特性的配合关系选取。

由图 7-6 中三者动作特性配合关系中可知，表示能量与压力上升关系的直线和表示保护装置反应特性的曲线交点就是保护装置本身的跳闸动作点。

各种保护装置动作特性的配合取决于压力上升速度的大小。当压力上升速度值低（5×10^3Pa/s 的低能释放）时，仅油流控制继电器动作，事故继续扩大时，压力释放阀动作，最后爆破盖爆破释放过压力。三者安全保护装置动作顺序为气体继电器→压力释放阀→爆破盖。当压力上升速度值高（超过 10^5Pa/s 的高能释放）时，则压力释放阀动作，紧接着爆破盖爆破释放过压力，最后油流控制继电器动作，将变压器从电网中切除，防止事故进一步扩大。

对于上述介绍的第（2）种和第（3）种安全保护方式，压力释放阀开启压力整定值 P_0 按下述经验公式选取：

$$P_0 = KP_1 \tag{7-2}$$

式中 K——选用系数，对于第（2）种压力释放阀与气体继电器两者配合使用的方式，K 取 3～3.5 为宜；对于第（3）种压力释放阀、爆破盖与气体继电器三者配合使用的方式，K 取 2.5～3 为宜。

P_1——所匹配气体继电器挡板动作静压值。

压力释放阀开启压力整定值 P_0 不宜选取过低，或与气体继电器的动作静压力 P_1 太接近，两者之间动作特性配合易混淆，或造成压力释放阀的误动作；同时，压力释放阀整定压力释放值不宜选取过高，因有爆破盖压力释放保护，就没有这种的必要。因此，压力释放阀的整定压力释放值应按表 7-2 正确选用。

表 7-2   压力释放阀整定压力释放值的选取

气体继电器整定油流速度（m/s）	继电器挡板动作压力（分接开关储油柜高度 2.0m，kPa）		压力释放阀开启压力释放值（kPa）			
			替代爆破盖使用		与爆破盖并列使用	
	动作静压值	动作动压值	计算值	选用值	计算值	选用值
整定油速 1.0（1±10％）	35.5	35.2	124.3	138	106.5	138
整定油速 1.2（1±10％）	46.2	42.2	138.6	138	115.5	138

（3）与国外同类分接开关的配置对比。

从表 7-2 可知，采用压力释放阀作为油室单一的压力释放装置时，开启压力整定值 P_0 取 138kPa 为宜。采用爆破盖和压力释放阀并列保护时，压力释放阀开启压力整定值 P_0 与选用气体继电器整定油流速度有关，对于大中型分接开关油室配置整定油速为 1.0（1±

10％）m/s 和整定油速为 1.2（1±10％）m/s 的气体继电器时，压力释放阀开启压力整定值可取为 138kPa。这种取值与国外同类分接开关的配置是基本一致的。

德国 MR 公司早期分接开关油室压力释放阀选用整定开启压力值 P_0 为 85kPa，后期 P_0 提高至 138kPa。瑞典 ABB 公司分接开关油室压力释放阀选用整定开启压力值 P_0 为 175kPa。带有信号接点的压力释放阀除具有释放油室过压力功能外，其他的安全保护功能类似于过压力继电器。MR 公司生产 DW2000 过压力保护继电器，可用作分接开关油室单独保护或用作气体继电器的补充，整定响应力 90kPa，响应时间小于 10ms；ABB 公司分接开关采用压力继电器作为油室单一安全保护，其整定反应压力 125～200kPa。

2. 爆破盖整定释放压力的选取

分接开关油室发生故障期间，油室内处于过压力状态。此时，油室必须有足够机械强度，以承受过压力而不被破坏，防止事故的扩大。因此，油室的机械强度要求取决于压力释放装置的动作整定值。

（1）油室仅带爆破盖的过压力释放时，爆破盖整定爆破压力值选取为

$$[P] = P_m/n \tag{7-3}$$

式中　P_m——油室的破坏压力值，分接开关油室中机械强度的主要薄弱环节是绝缘筒，绝缘筒的破坏主要取决于所承受的压力及其压力上升梯度。根据有关资料介绍，$\phi 460 \times 10$ 酚醛层压纸筒和环氧玻璃缠绕丝筒的破坏静压力分别为 $1 \times 10^6 Pa$ 和 $1.5 \times 10^6 Pa$。

　　n——油室机械强度的安全裕度系数。对于独立一个零件的爆破盖，n 取 5 为宜；对于整盖加工薄弱环节而成的爆破盖，n 取 3 为宜。

（2）油室带爆破盖和压力释放阀并列过压释放时，爆破盖整定爆破压力值用下列公式联立求取

$$[P] \leqslant P_m/n \tag{7-4}$$

$$[P] \geqslant KP_m \tag{7-5}$$

式中　P——压力释放阀整定压力释放值；

　　K——系数，$K = 2～3.5$。对于独立一个零件的爆破盖，K 取下限值；对于整盖加工而成的爆破盖，K 取上限值。

综上所述，对于独立一个零件的爆破盖，整定爆破压力值取 300（1±20％）kPa 为宜；对于整盖加工薄弱环节而成的爆破盖，整定爆破压力值取（400～500kPa）（1±20％）kPa 为宜。

对于分接开关油室配置安全保护装置的问题，尤其在压力释放阀设置上应有正确的认识。压力释放阀最初是安装在变压器油箱上作为安全保护。变压器发生故障时，内部电弧使变压器油分解产生大量气体。由于气体不能迅速释放，导致变压器油箱内部压力急剧上升，可能造成变压器油箱的损坏。为了防止事故的扩大，借助压力释放阀来释放油箱内部的异常压力。

但采用压力释放阀作为分接开关油室的替代爆破盖的安全保护时，由于油室的容积小，绝缘筒不会膨胀，且故障大多是急性事故，故障能量使压力梯度急骤上升，而此时压力释放阀顶起阀盖的距离又不大，压力释放阀开启时排放量不是很大，往往来不及释放故障能量，有可能造成分接开关油室内部的过压力，引起油室破裂，分接开关油室内的污油进入变压器油箱，增加了处理变压器器身内部的工作量，造成事故的进一步扩大。与此同时，压力释放阀在巨大冲击力作用下发生变形，不能重复使用，否则会引起分接开关油室的渗漏油。

有载分接开关的压力释放装置通常以爆破盖（膜）为主。目前使用的爆破盖的制作方法是沿爆破盖圆周处设置沟槽以作为薄弱环节。当压力超过爆破整定值时，爆破盖沿沟槽处被切断，在油室头部留下一个足够大的洞，迅速释放过压力，避免事故进一步扩大。但当爆破盖在分接开关内部压力作用下飞离分接开关顶部时，将会给运行人员和设备的安全造成威胁。

7.3　分接开关非电量保护配置提升策略

在运的有载分接开关气体继电器分为国产气体继电器和进口气体继电器。目前，国产有载分接开关均配备国产 QJ 25 型气体继电器，而国产 QJ-25 型气体继电器的流速整定值按照 DL/T 540—2013《气体继电器检验规程》的规定设计为 1.0m/s，并没有对不同容量的变压器和不同型号的有载分接开关加以区分。进口或合资厂生产的有载分接开关一般配备进口（合资）气体继电器，而且在其有载分接开关选型导则里也明确提出不同型号有载分接开关配备的气体继电器重瓦斯流速整定值是不同的。相关有载分接开关厂关于重瓦斯流速整定值的要求如表 7-3 所示。

表 7-3　　　　　　　　　　　关于重瓦斯流速整定值要求

设备厂家	常用气体继电器型号	有载分接开关制造厂对重瓦斯流速定值的要求
上海华明	国产 QJ-25 系列	不分电压等级和容量，全部为 1.0m/s
贵州长征	国产 QJ-25 系列	不分电压等级和容量，全部为 1.0m/s
MR	RS2001	1）对 MR 不同型号的有载分接开关，其重瓦斯流速值不同，分为 1.2m/s 和 3.0m/s 两个定值。 2）要求气体继电器必须要按所用的有载分接开关进行整定，这是绝对不可缺少的步骤。 3）如果将 RS2001 继电器用于其他型号的有载分接开关或其他厂家的有载分接开关，此时的重瓦斯流速值需要向 MR 公司咨询
ABB	德国 EMB	对于不同型号的有载分接开关，其重瓦斯流速整定值是不同的，分为 1.5m/s 和 3.0m/s 两个定值

对于国产有载分接开关，其有载重瓦斯流速全部整定为 1.0m/s，而进口或合资的有载分接开关的重瓦斯流速整定值均大于 1.0m/s，两者存在较大差异。如果气体继电器和

压力保护装置的整定值继续沿用老标准或者依赖常规经验确定，将造成有载分接开关在正常切换过程中重瓦斯保护频繁误动作，近年来也发生了多起因气体继电器整定值偏低导致的变压器跳闸故障。为此，国内外高校、研究机构及分接开关厂家针对当前分接开关常用保护策略开展了相关理论及试验研究。

7.3.1　分接开关保护配置理论研究

以分接开关切换过程为研究对象，通过计算切换燃弧所产生的能量，得到电弧产气量或对气体体积膨胀的影响，再以气体膨胀变化推算分接开关油室或连接管内的油速变化情况。

基于经验公式计算，对于 CMⅢ 600 型分接开关在正常 2 倍过载切换（开断容量试验）时，油室的气体继电器管道内产生最大油流达到 0.63m/s，如表 7-4 所示。考虑一定的安全裕度后，选用整定油流速度 1.0（1±10%)m/s 的气体继电器是比较合适的。

表 7-4　　　　　　　　CMⅢ 600 型分接开关在负载状态下切换参数计算

计算项目		三相电弧触头同步开断		三相电弧触头不同步开断		
		主通断触头	过渡触头	主通断触头	过渡触头（先）	过渡触头（后）
开断电流（A）		600	822	600	670	893
电弧能量（kJ）		0.478	0.655	0.478	0.534	0.711
		3 个切换单元共计 3.4		3 个切换单元共计 5.17		
油流流速（L/s）		0.102		0.155		
切换产气	计算值	10.2		15.5		
	检测值	10~14				
继电器油流（m/s）		0.208		0.315		
过载切换油流（m/s）		0.416		0.63		

仿真研究方面，文献通过多物理场耦合仿真研究了电弧所产生气体在油室内的上升和形变过程，分析气体体积膨胀对油流流速的影响。以 CMD Ⅲ 型四电阻过渡式有载分接开关为对象，分析其在容量为 240MVA、负载电流为 630A 的 220kV 变压器重载运行时切换过程中的油流特征，对气体膨胀及上升过程中储油柜连接管内的油流速进行计算。分接开关实物及仿真模型如图 7-7 所示。

切换过程中，主通断触头 K1、过渡触头 K2 和过渡触头 K3 依次产生电弧，电弧间隔分别为 20ms 和 10ms。开关三相同时切换，每次电弧发生时，都有 6 处产生气泡：A、B、C 三相各两处。因此，开关切换过程油流特性仿真分析思路为：计算切换过程中各处的电弧功率和电弧能量及此电弧能量能产生的常

图 7-7　CMD Ⅲ型四电阻过渡式有载分接开关仿真模型图

压下的气体体积；结合电弧功率、常压下气体体积和气体膨胀过程的流场模型计算连接管内油流速，再考虑气泡在分接开关内部上升、聚并等过程中引起的内部油流变化。计算过程中边界条件更新方法如下：C 相电弧燃烧 3.3ms，计算 3.3ms 时 C 相气泡体积和压强，并根据常压下的体积验证数据的合理性，设定 C 相 3.3ms 后的压强边界；继续仿真计算至 6.6ms，计算此时 B 相气泡体积和压强，并根据常压下的体积验证数据的合理性，设定 B 相 6.6ms 后的压强边界；继续仿真计算至 10ms，计算此时 A 相气泡体积和压强，并根据常压下的体积验证该数据的合理性，设定 A 相 10ms 后的压强边界，继续仿真计算。最终计算得到主触头 K1 切换燃弧期间连接管内油速变化曲线如图 7-8 所示。

在上述计算基础上再考虑过渡触头 K2 和 K3 处的电弧对油流速的影响，整体油流速如图 7-9 所示。因此，结合相关文献计算结果，对于该型号三相四电阻过渡有载分接开关，当开断电流为 630A 时，切换过程所产生的油流流速最大值为 1.53m/s，超过了瓦斯保护油流速的定值，易造成保护误动。

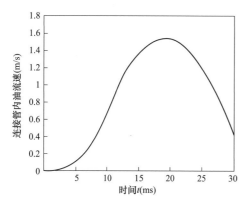

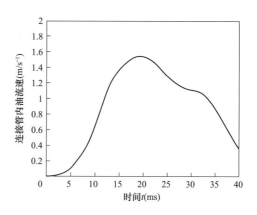

图 7-8　主触头 K1 切换燃弧　　　　　图 7-9　分接开关切换过程
对连接管油速影响　　　　　　　引发的连接管油速变化

7.3.2　分接开关保护配置试验验证

为实现故障早期预警保护，在运特高压换流变有载分接开关配置有压力释放阀、压力继电器或油流继电器，并按照《国家电网有限公司十八项电网重大反事故措施（修订版）》8.2.1.5 条的要求进行保护设定，即压力释放阀按"二取一"逻辑出口投报警、压力继电器或油流继电器按照"三取二"逻辑出口投跳闸。国家电网公司组织开展分接开关内部短路燃弧试验，实测了有载分接开关内部发生短路故障时压力释放阀、压力继电器与油流继电器动作性能及动作时间差异，为有载分接开关压力释放阀、油流继电器、压力继电器保护策略优化提供决策支撑。

试验装置以某厂家有载分接开关油室为测试对象进行结构改造，在油室内部安装故障电弧触发装置。通过改变电弧电流、燃弧时间等试验参数，模拟真实的分接开关内部短路故障，验证不同放电能量下压力释放阀、压力继电器与油流继电器动作性能及动作时间差异。试验装置整体结构图和实物图如图 7-10 所示。试验装置结合故障燃弧电极及压力释放阀、压力继电器及油流继电器选型相配合，验证非电量保护装置的动作特性，同时在油室上部、下部安装压力传感器实时监测压力变化情况。

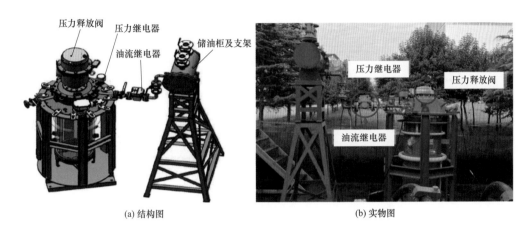

图 7-10　分接开关油室试验装置实物图

试验主要分为静压试验和短路燃弧试验，其中静压试验在每次短路燃弧试验开始前进行，通过对储油柜注氮气加压方式来提升试验装置内部压力，一方面用于验证压力释放阀、压力继电器整定值的准确性及动作的可靠性；另一方面通过压力释放阀喷油来排除开关油室内部气体，保证开关油室内部完全被变压器油填充浸没。试验结果如下。

（1）静压试验结果表明，压力释放阀、压力继电器分别在压力整定值附近正确动作，且压力继电器动作时间整体超前于压力释放阀动作时间，与理论分析结果一致。试验前后开关油室筒壁未出现渗漏油现象。

（2）短路燃弧试验结果表明，压力继电器对于缓慢变化的产气压力具有较好预警作用，对于爆炸后压力上升速率较快故障无法做到可靠预警。初步分析认为压力继电器采用的"弹性气腔升降触发"动作结构是导致静压试验中可靠动作、动压试验中无法可靠预警的主要原因。压力继电器外形及结构示意如图 7-11 所示。当分接开关油室内部压力升高时，会压迫变压器油进入气腔，引发气腔膨胀、拉紧弹簧伸长，最终导致上下触点分离，发送故障预警信号。

从内部结构图可以看出，压力继电器气腔体积小、与开关油室连接的管口小（直径约为 10mm），对气体产生的压力敏感度高，对油产生的压力敏感度低。由于气腔只有一个进出气（油）孔，现场实际安装时气腔内部气体无法有效排空，气腔内部多为气油混合状态。由于气体存在压缩效应且气腔材料本身存在一定扩张弹性，会对因压力升高挤入气腔内部的变压器油产生缓冲作用。静压试验由于加压相对较慢，压力继电器气腔压力易保持，因此可有效动作触发；而动压试验由于燃弧升压较快（毫秒级），变压器油在气腔内部扩张过程中，开关油室内部压力在油流继电器连管泄压、压力释放阀喷油泄压双重作用下会快速下降，导致气腔内部的变压器油缺少持续压力而无法触发压力继电器动作信号，动压试验过程中油流方向及油压变化如图 7-12 所示。

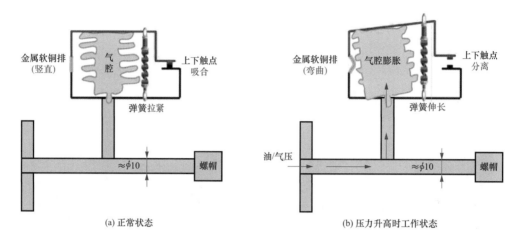

(a) 正常状态　　　　　　　　　　　　(b) 压力升高时工作状态

图 7-11　压力继电器外形及结构示意图

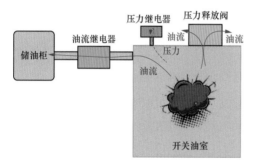

图 7-12　动压试验过程中油流
方向及油压变化示意图

7.3.3　分接开关非电量统一配置原则

基于理论及试验结果分析，对我国现阶段有载分接开关的非电量保护统一配置策略建议如下：

（1）方案一：压力释放阀投跳闸，并换型为带 3 副微动开关的新型压力释放阀（Messko 压力释放阀、Qualitrol 压力释放阀），并相应增加接线电缆、开入量板卡，更改相应二次控制回路。

（2）方案二：压力释放阀重新改投报警，压力继电器由跳闸改投报警，该厂家有载分接开关新增带 3 副微动开关的油流继电器投跳闸，并相应更改二次控制回路。

考虑到 Qualitrol 压力释放阀仍存在误动风险，且近年来曾发生因二次电缆破损或绝缘降低引发保护误动作，为降低非电量跳闸保护误动概率，同时便于不同厂家有载分接开关统一管理，建议采用方案二进行有载分接开关非电量保护调整改造。同时，对于有载分接开关非电量保护配置建议如下：一是统一新建和在运特高压工程的不同厂家分接开关非电量配置，压力释放阀和油流继电器为标准配置；二是将分接开关压力释放阀由跳闸改为报警，增加油流继电器，并按三取二逻辑投跳闸；三是分接开关新增的油流继电器跳闸回路可使用压力继电器跳闸回路，并将压力继电器与压力释放阀的报警回路并接后接入控保系统，减少二次电缆、板卡及软件修改等现场工作量，降低运行风险。

第 8 章

分接开关及其监测诊断技术展望

自 1901 年德国 MR 公司开始研究有载调压分接开关技术以来，分接开关及其监测诊断技术经历了漫长的发展过程。目前而言，国内外分接开关研究及应用仍以传统的机械式触点结构为主，但电力电子技术在分接开关中的应用也逐步受到重视，同时，分接开关监测诊断技术也处于蓬勃发展阶段。本章在当前研究现状的基础上，总结了国内外分接开关及其监测诊断技术的发展趋势，可供分接开关设计、制造及运维单位参考。

8.1　分接开关发展趋势及展望

传统的机械式有载分接开关通过改变变压器分接头以改变调压绕组的有效接入匝数，从而实现调压的目的。装设有载分接开关后，变压器可随负载电压的变化进行调压，提高了电网经济效益。虽然国内外制造厂家不断对分接开关的材质、结构及工艺进行优化、升级，但机械式有载分接开关在切换过程中存在的诸多缺点仍然难以克服：

（1）切换过程产生电弧。切换开关在触头分离时，触头间距离很小，电场强度极高，易形成电弧。油中熄弧的分接开关使绝缘油劣化，需要经常更换、过滤绝缘油，降低了开关的使用寿命。

（2）分接开关动作速度慢，调压响应时间长，整个切换过程需要 40～60ms，容易错档、错位，连续调档会导致过渡电阻迅速发热，增加过渡损耗，故障率高。

（3）调压时刻不能准确控制，调压存在过渡过程，损耗较高，连续调档会造成油温升高，从而加速产气，导致故障率居高不下。

针对传统机械式分接开关的固有缺陷，国内外生产厂家提出了采用晶闸管或固态继电器（solid state relays，SSR）等元件替代机械式分接开关部分机构的设计理念，研制了相应的分接开关，主要包括混合式分接开关和电力电子式分接开关两类。

8.1.1　混合式有载分接开关

混合式有载分接开关，又称作机械触头改进型有载分接开关，保留了机械式有载分接开关的分接选择器和切换开关，过渡电路增加了电力电子器件，通过开断电力电子器件来辅助机械触头完成切换。切换完成后电力电子器件退出载流回路，由机械触头完成载流。

图 8-1 为两种混合式有载分接开关。图 8-1(a) 中，A 为变压器调压绕组，1、2 为变压器调压绕组分接头，SCR_1、SCR_2、SCR_3 分别为三组反并联晶闸管，R_1、R_2 为限流电阻，黑色条形方块为切换开关动触头，Ⅰ、Ⅱ、Ⅲ、Ⅳ 为切换开关静触头。开关通过开断 SCR 来辅助机械触头切换进行调压。静触头Ⅰ、Ⅳ 与变压器调压绕组不同分接头相连，假定切换开关动触头要从静触头Ⅰ切换到静触头Ⅳ，切换过程如下：①当切换开关动触头在Ⅰ位置时，触发 SCR_1 导通，负载电流从静触头Ⅰ、Ⅱ流过；②动触头移到Ⅱ后使 SCR_1 断开，负载电流从Ⅱ流过，环流经过 R_1；③触发 SCR_2 导通，动触头移到Ⅲ，负载电流从静触头Ⅱ、Ⅲ流过；④断开 SCR_2、SCR_3 接通，负载电流从静触头Ⅲ、Ⅳ流过，环流经过 R_2；⑤动触头移到Ⅳ位置后断开 SCR_3，负载电流从静触头Ⅳ流过。

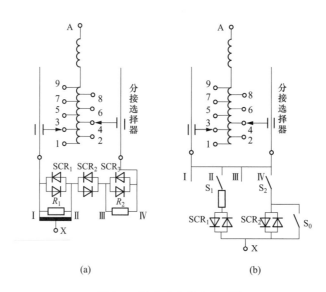

(a)　　　　　　　　　(b)

图 8-1　混合式有载分接开关

图 8-1(b) 为另一种混合式有载分接开关，与图 8-1 有载分接开关不同的是，利用真空开关 S_0、S_1、S_2 代替切换开关，真空开关 S_1、S_2 配合晶闸管 SCR_1、SCR_2 动作达到无弧切换。要从分接头 1 切换到分接头 2，其切换过程如下：①S_1 打到Ⅱ位置并触发 SCR_1 导通，负载电流从Ⅱ-SCR_1 和Ⅲ-S_0 流过；②然后触发 SCR_2 导通后 S_0 关断，负载电流从Ⅱ-SCR_1 和Ⅲ-SCR_2 流过；③关断 SCR_2 后 S_2 打到Ⅳ位置，负载电流从Ⅱ-SCR_1 流过；④触发导通 SCR_2 后关断 SCR_1，闭合 S_0 后关断 SCR_2，负载电流从Ⅳ-S_0 流过。

图 8-2 为一种晶闸管辅助换流式无弧有载分接开关，也属于混合式有载分接开关。其工作原理是在动触头离开原位置的分接静触头前，先把两组反并联晶闸管跨接在所要换接的两个分接静触头之间，触发一组晶闸管导通，然后再使机械触头断开；在交流电流过零点时此组晶闸管断开，前方另一组晶闸管导通；动触头接通相邻的静触头后，使后一组晶

闸管断开。这样避免了机械触头的开断电流，确保了无弧分断和接通。

混合式有载分接开关与机械式有载分接开关相比，具有明显优势：

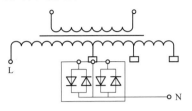

图 8-2　晶闸管辅助换流
无弧有载分接开关

（1）采用电力电子器件辅助机械触头切换，切换过程无电弧产生，不会使变压器绝缘油劣化，可以减少滤油和换油的次数，延长开关使用寿命。

（2）切换完成后电力电子器件退出载流回路，由机械触头载流，降低了因电力电子器件长期导通引起的损耗，避免了因电力电子器件损坏而造成的开关可靠性降低，延长有载分接开关的使用寿命。

混合式有载分接开关也有不足之处，其有效解决了机械式有载分接开关切换过程产生电弧的问题，但未解决机械式有载分接开关响应速度慢的问题，与电力电子式有载分接开关相比，切换速度较慢。混合式有载分接开关在具体实现时的技术难点主要包括：①电力电子器件关断过程中冲击电流的产生与处理；②电力电子器件和机械触头开关的时间配合，如何达到真正无弧调压；③电力电子器件在导通时环流的产生与限制；④在调压过程中相邻两组电力电子器件之间的配合，如何使负载电流连续；⑤混合式有载分接开关的切换容量也是需考虑的问题。

8.1.2　辅助线圈型有载分接开关

辅助线圈型有载分接开关通过在变压器基础上叠加辅助线圈或变压器实现其有载调压，其原理如图 8-3 所示。T_1 是主变压器，T_2 是辅助变压器，SCR_1 和 SCR_2 是两组反并联晶闸管开关。该方法基本原理是将 T_2 串联接入 T_1 回路，最终得到的电压为变压器 T_1 和 T_2 的叠加电压，由控制器 SCR_1 的导通角来调整。

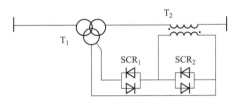

图 8-3　辅助线圈型分接开关原理图

图中，如果 SCR_1 在过零时触发，即触发角为 0°，负载上得到的是两个同相位电位的叠加；如果 SCR_1 的触发角不为 0°，则叠加的两个电位相位不同，最终负载上的电压也会改变。SCR_2 用于防止辅助变压器 T_2 开路，之后相关学者又提出增加辅助电压的改进方法，用以保证叠加的电压和原电压相位相同。

图 8-4 也是一种辅助线圈型有载调压装置，切换时不产生电弧，它装入一个调压范围为 0.625% 的耦合线圈。正常情况下，开关 S、S_2 闭合导通，以升压为例，动作过程为：①S_1 动作，由于 SCR_1 未被触发导通，所以没有电弧；②SCR_1 导通，相邻两分接头之间形成的回路中有循环电流；③S 打开，电流流经 SCR_2；④当 SCR_2 截止导通时，电流只流经 S_1-SCR_1 支路；⑤S_2 动作，由于 SCR_2 处于截止状态，所在支路没有电流流过，所以也不会产生电弧；⑥SCR_2 被触发导通，并在 S 闭合后被旁路，升压过程结束。降压过程在

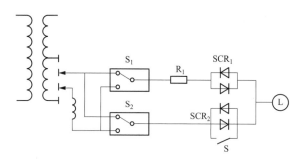

图 8-4　辅助线圈型分接开关实现电路

这里不再赘述，也能够完成无弧操作。

上述方案可实现无弧操作，原理简单，熄弧主要通过触发相应的晶闸管导通来实现，但也有不足之处，由于非线性元件的引入，会产生谐波。随着晶闸管导通角不同，谐波含量也不相同，例如变压器二次侧电压、电流的三次谐波含量可分别达到 4% 和 2.5%，从而降低了电能质量，而且操作过程较繁琐，装置可靠性较低；此外，假如晶闸管失控，可能烧毁开关甚至整个调压装置。

8.1.3　电力电子式有载分接开关

针对机械式有载分接开关切换时存在电弧调压速度慢、使用寿命短等弊端，可用电力电子器件作为切换开关代替机械触头，包括晶闸管开关电路与饱和电抗器开关电路两种形式。

图 8-5 为一种电力电子式有载分接开关，变压器各分接头都接有固体继电器（SSR），开关通过控制 SSR 的开断来切换变压器分接头进行调压，其调压方式如下：①当检测到的电压超出设定范围时，单片机控制系统将控制信号发送给 SSR 控制端，通过开断 SSR 进行调压；②开关控制各 SSR 的开断来切换变压器分接头；③在切换变压器分接头之前，先触发导通过渡支路，再关断正在导通的 SSR，进而触发另一组 SSR 后关断过渡支路，这样就完成了一次调压。串联有过渡电阻的回路为过渡回路，起到限制环流的作用。

电力电子式有载分接开关具有切换速度快、开断时间可控、调压过程无弧等优点，但也存在较多缺点：①使用电力电子器件数量较多，成本高；②导通的器件长期有电流通过，通态损耗高；③需配冷却系统长期投入使用，成本增加，可靠性降低；④可靠性受电力电子器件的制约，可靠性较差。

总结上述分接开关的结构型式，常用的机械触头式有载分接开关有以下缺陷：切换时易产生电弧，动作、响应速度慢，开关动作时间不能精确控制，易错档、错位，故障率高，维护量大，切换期间的暂态过渡过程可能不利于电网安全运行。电力电子学科的迅猛发展使研究工作者从改进灭弧介质，转而开始了对开关结构及过渡原理的研究，基于电力电子技术的新型有载分接开关以其耐用、经济、能够频繁调节等优势，已成为热点研究领域。

全电子式有载分接开关通常将绕组分接头和由大功率晶闸管反并联组成的电力电子开关连接，通过控制开关管的通断来实现调压。它没有机械运动部件，切换时不产生电弧，响应速度快、可控性更高；但晶闸管数量多，正常情况下也要承受电压和导通电流，选型时需留出更大裕度，增加了成本，降低了可靠性，还需要装设冷却装置，而且也有致命弱点：一旦晶闸管损坏，则切换彻底失败。

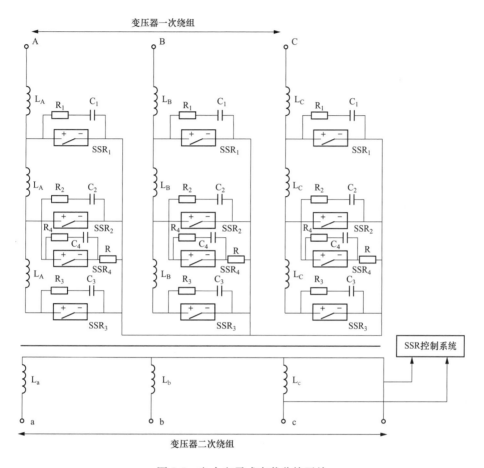

图 8-5 电力电子式有载分接开关

混合式（机械改进式）有载分接开关在结构上没有太大改动，切换时引入晶闸管以阻止电弧产生，切换结束后依然用机械开关负责通流，基本可实现无弧操作，在一定程度上增加了可靠性及寿命，但响应速度提高不大。目前很多人仍倾向于研究混合式有载分接开关方案，以避免全电子式方案带来的可靠性和晶闸管器件的散热问题。

8.2 分接开关监测诊断技术展望

当前，分接开关监测诊断主要以机械故障诊断为目标，且大多基于振动、电机驱动电流、驱动力矩等状态量，取得了一定的研究进展及研究成果，但在诸多方面仍有待开展进一步研究工作。本书总结现有分接开关监测诊断技术研究成果，对分接开关监测方法的发展进行如下展望。

8.2.1 故障类型全面化

基于历史运维检修数据，有载分接开关机械故障占其故障总数的70%~90%，属于分接开关的主要故障类型。因此，当前分接开关状态监测及故障诊断主要以机械故障为主，并依此提出了基于振动、声学或电机电流等状态量的机械故障诊断方法。结合图8-6所示的有载分接开关故障树可以发现，机械故障仅为分接开关众多故障中的一部分，绝缘异常、密封不严等故障仍无十分有效的监测手段。相比于机械故障，绝缘异常、渗漏油等故障发展过程更为迅速，引发的后果甚至可能比机械故障更为严重。若能在现有机械故障监测诊断基础上，考虑更多故障类型，则可进一步提升分接开关在线监测的有效性和经济性。

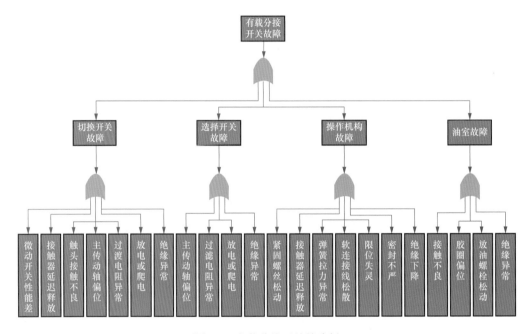

图8-6　有载分接开关故障树

因此，考虑更多的分接开关故障类型，研究不同故障类型所对应的分接开关故障特征量，尽可能实现分接开关故障类型诊断的"多而广"，同时保证监测参量的"少而精"，应当是分接开关在线监测方法后续发展的重要方向之一。

8.2.2 故障特征多样化

当前基于振动、声学或电机电流等状态量的分接开关机械故障诊断方法大多基于单个特征参量，虽能实现部分缺陷的有效识别，但同样存在特征参量单一、主观性强等不足之处。

在现有研究成果基础上，一方面可考虑将振动、电机电流及驱动力矩等状态量相结合，这对于提升监测诊断精度可能会有一定帮助，同时也可摆脱监测诊断方法对单一特征参量的依赖性，利用多个状态量间的验证关系提升分接开关机械故障诊断的有效性，防止监测误报警、漏报警等情况的发生；另一方面，也可考虑将油中含水量、油色谱等状态量与现有机械故障特征量相结合，探讨对分接开关电气故障监测识别的可行性，从而实现对分接开关更多故障类型的诊断。在这过程中首先必须考虑的是故障特征量的选择问题，即如何选择有效特征量实现对更多故障类型的识别。

8.2.3 监测方法智能化

作为故障特征量与故障类型间的桥梁，监测诊断方法在分接开关故障诊断识别中起到了关键性的作用，涉及对故障特征的采集处理、数据分析及诊断模型建立等方面。结合近年来人工智能算法的发展，现有研究提出了一系列监测诊断方法，但在以下方面仍可以继续深入研究。

（1）状态量采集方面。由于分接开关仅为变压器的组部件，且大多采用内置于变压器中的安装方式，导致分接开关状态量采集过程中可能存在诸多干扰信号。因此，考虑在分接开关制造过程中内置传感采集装置或外接采集装置是两种可行的方法，前者需要考虑采集装置的寿命问题，需要与分接开关乃至变压器的使用寿命相匹配；后者则须保证采集的状态量应尽可能反映分接开关的实际运行状态。

（2）状态量分析方面。针对分接开关不同故障或同一故障，可能反映在不同状态量的变化上，部分状态量间可能相互联系、相互影响，因此，需要综合考虑故障类型和状态量变化趋势等情况，获取有效的状态量及状态量与分接开关故障类型或状态量间的关联关系，这对于提升故障诊断准确度至关重要。

（3）诊断方法方面。现有人工智能诊断方法很多，目前被应用于分接开关状态监测及故障诊断的方法也很多，但仍有待考虑的是监测诊断方法的数据处理能力、故障诊断准确性等问题。对于发展迅速且后果严重的故障类型，除对状态量采集间隔要求高外，如何在有限时间段内的少量状态量中提取故障特征，实现故障早期预警应当是其首要解决的问题。对于发展缓慢或后果处于可接受范围内的故障，能否实现对分接开关故障趋势分析及分级诊断预警则是需要考虑的另一个问题。

总之，分接开关故障预警及诊断方法是实施分接开关状态监测的出发点及终极目标，要想实现分接开关故障诊断，就离不开监测方法的研究及发展。

8.2.4 监测系统实用化

现有分接开关监测诊断方法大多处于试验研究阶段，目前有关分接开关状态监测装置现场应用案例并不多，这一方面取决于监测诊断方法研究及装置研发进展，另一方面也受限于现场对监测装置的高要求。在监测诊断方法研究相对成熟的基础上，结合分接开关乃至变压器的运行特性，研制相应监测系统并实现现场应用，也是未来分接开关监测诊断的发展趋势。随着变压器运行年限的增长，分接开关故障率呈现逐步上升趋势，监测诊断装置的应用对故障遏制具有一定作用，但首要解决的是监测装置自身的稳定性和可靠性问题，其次是其对故障的监测诊断方法。只有在解决上述问题之后，分接开关监测诊断系统的落地应用才能体现其真正的使用价值。

附录　国内电力系统常用分接开关产品简介

一、国外分接开关产品

1. 德国 MR 公司的产品

MR 公司的组合式有载分接开关型号包括 MS、M、T、G 系列，目前 T 型已改成 RM、R 系列，复合式有载分接开关型号主要包括 A、V、H 系列。国内 500kV 变压器分接开关以 RM 系列和 R 系列为主。

（1）M/RM 系列有载分接开关。

MR 公司的 M 系列、RM 系列有载分接开关命名方式及结构如图 1 所示。其中，RM 系列有载分接开关由 R 切换开关和 M 分接选择器组合而成。

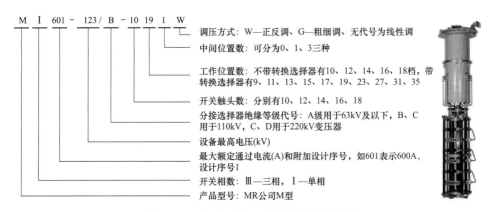

图 1　MR 公司 M/RM 系列有载分接开关

（2）V 系列有载分接开关。

MR 公司 V 系列有载分接开关主要用电力变压器，该系列产品命名方式及结构如图 2 所示。

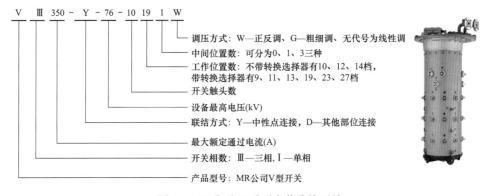

图 2　MR 公司 V 系列有载分接开关

（3）无励磁分接开关（OCTC）。

MR 公司无励磁分接开关产品以 DU I 和 DU Ⅲ 系列为主，其命名方式及结构形式如图 3 所示。该系列单相和三相分接开关，最大额定通过电流为 2000A，额定绝缘水平可达 245kV。

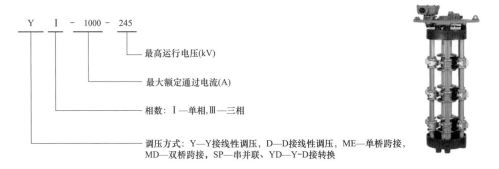

Y I - 1000 - 245

最高运行电压（kV）

最大额定通过电流（A）

相数：I—单相，Ⅲ—三相

调压方式：Y—Y接线性调压，D—D接线性调压，ME—单桥跨接，MD—双桥跨接，SP—串并联，YD—Y-D接转换

图 3　MR 公司无励磁分接开关

2. 瑞典 ABB 公司的产品

（1）有载分接开关。

有载分接开关有 UB、UC、UZ 系列，其中前两者最为常用，UB 系列与 MR 公司 V 系列性能相近，UC 系列与 MR 公司 M 系列性能相近，其命名方式及主要产品如图 4 所示。

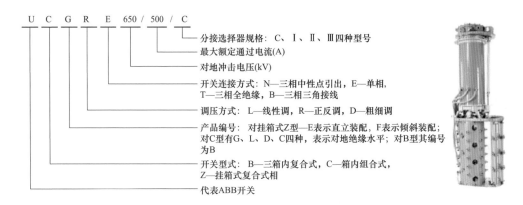

U C G R E 650 / 500 / C

分接选择器规格：C、I、Ⅱ、Ⅲ四种型号

最大额定通过电流（A）

对地冲击电压（kV）

开关连接方式：N—三相中性点引出，E—单相，T—三相全绝缘，B—三相三角接线

调压方式：L—线性调，R—正反调，D—粗细调

产品编号：对挂箱式Z型—E表示直立装配，F表示倾斜装配；对C型有G、L、D、C四种，表示对地绝缘水平；对B型其编号为B

开关型式：B—三箱内复合式，C—箱内组合式，Z—挂箱式复合式相

代表ABB开关

图 4　ABB 公司 UB 及 UC 系列有载分接开关

（2）无励磁分接开关。

ABB 公司无励磁分接开关以线性调压及正反调压为主，其命名方式及常用产品结构如图 5 所示。以型号 DPC LE 1050/3200 无励磁分接开关为例，其采用线性调压方式及钟罩式安装方式，设备最高电压为 300kV，最大额定通过电流为 3200A，操作方式为手动，档位数为 5 档。

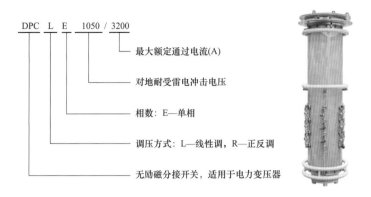

DPC   L   E   1050 / 3200

最大额定通过电流(A)

对地耐受雷电冲击电压

相数：E—单相

调压方式：L—线性调，R—正反调

无励磁分接开关，适用于电力变压器

图5　ABB公司无励磁分接开关命名方式及外观

二、国内分接开关产品

1. 上海华明公司的产品

上海华明公司的埋入式油中熄弧有载分接开关产品主要包括 CM 系列、CF 系列、CV 系列等，有载分接开关产品包括笼形、鼓形等，下面选择相关产品进行简要介绍。

（1）CM 系列有载分接开关。

CM 系列有载分接开关适用于额定电压 35～500kV，最大额定通过电流三相 600A、单相 1500A，频率 50Hz 的电力变压器或工业变压器。其中，三相有载分接开关用于 Y 接中性点调压，单相有载分接开关则用于任意的调压方式。CM 系列有载分接开关是一种典型的组合式有载分接开关。CM 有载分接开关借助于分接开关头部法兰安装于变压器箱盖上，通过其盖上的蜗轮蜗杆减速器、水平传动轴、伞齿轮箱、垂直传动轴与 CMA7 或 SHM 电动机构连接，以达到分接变换的目的。CM 系列有载分接开关命名方式及结构形式如图 6 所示。

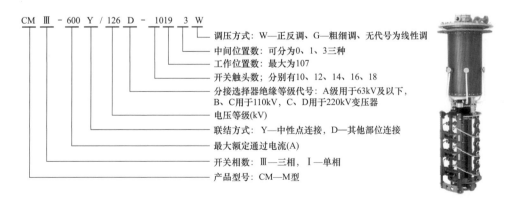

CM Ⅲ - 600 Y / 126 D - 1019 3 W

调压方式：W—正反调、G—粗细调、无代号为线性调
中间位置数：可分为0、1、3三种
工作位置数：最大为107
开关触头数：分别有10、12、14、16、18
分接选择器绝缘等级代号：A级用于63kV及以下，
B、C用于110kV，C、D用于220kV变压器
电压等级(kV)
联结方式：Y—中性点连接，D—其他部位连接
最大额定通过电流(A)
开关相数：Ⅲ—三相，Ⅰ—单相
产品型号：CM—M型

图6　上海华明公司 CM 系列有载分接开关

（2）CF 系列有载分接开关。

CF Ⅲ型有载分接开关适用于交流 50Hz，一次侧额定电压为 10kV，最大额定通过电

流为 100A 或 200A 的三相油浸式有载调压变压器。CF IA、CF IB 型有载分接开关适用于额定电压 10kV、35kV,最大额定通过电流为 100A 的消弧线圈。配用此开关后,可使消弧线圈在带负荷的条件下,改变分接位置,从而达到自动调谐的目的。以上两种系列开关采用埋入复合型电阻式过渡结构,把分接选择和切换开关的功能合二为一;同时还将开关连同电动机构设计成整体插入结构。开关本体装在与变压器隔离的单独油室内。CF 系列有载分接开关命名方式及结构形式如图 7 所示。

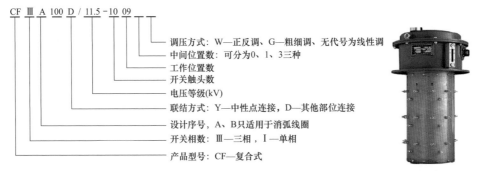

图 7　CF 系列有载分接开关命名方式及外观

（3）CV/SV 系列有载分接开关。

CV/SV 型分接开关是一种典型的复合型开关,分接开关的动作过程把切换开关和分接选择器的功能合二为一。该系列分接开关借助于开关头部法兰安装于变压器箱盖上,分接开关上还可以加装转换选择器。分接开关不带转换选择器时,分接工作位置最多为 14 个;带转换选择器时,分接工作位置最多为 27 个。其结构及型号命名方式如图 8 所示。型号为 CV Ⅲ 350Y/72.5-10193W 则表示该分接开关为 CV 型开关,三相,最大额定通过电流 350A,设备最高电压 72.5kV,Y 接法,19 个工作位置,3 个中间位置,带极性选择器。CV 系列有载分接开关命名方式及外观如图 8 所示。

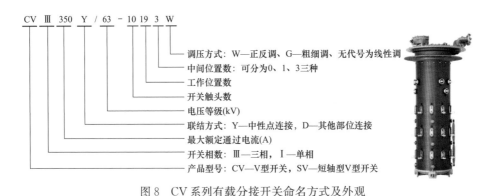

图 8　CV 系列有载分接开关命名方式及外观

（4）WG 系列无励磁分接开关。

WG 型无励磁分接开关适用于额定频率为 50Hz 或 60Hz,设备最高电压为 12～252kV,最大额定通过电流为 250～2000A 的油浸式电力变压器及特种变压器。分接开关按相数分为三相、"1+2"相及单相三个系列。分接开关按出线方式分为中部出线、上下出线、无出线三个系列。分接开关在变压器上的安装位置有两种，一种是安装于变压器相邻两线圈中间（A型、B型），另一种是安装在变压器一侧（C型）。分接开关按操作方式分为顶盖手动、上部传动侧面手动、下部传动侧面手动和侧面电动。WG系列无励磁分接开关命名方式及外观如图9所示。

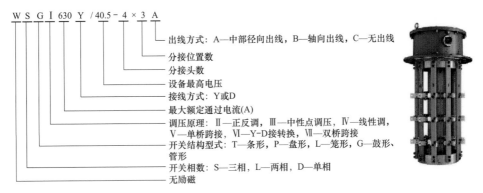

图 9 WG 系列无励磁分接开关命名方式及外观

2. 贵州长征公司的产品

（1）ZM 系列有载分接开关。

ZM 系列有载分接开关是组合式有载分接开关，由切换开关和分接选择器组成，具有开断容量大，触头寿命长，工作可靠性高，适用范围广等特点。ZM 系列有载分接开关适用于最高工作电压 40.5kV、72.5kV、126kV、170kV、220kV，最大额定通过电流三相300A、500A、600A，单相 300A、500A、600A、800A、1200A、1500A，额定频率为50Hz 或 60Hz 的电力变压器或工业变压器。同时，适用于 Y 连接中性点调压、单相任意部位调压。ZM 系列有载分接开关命名方式及外观如图 10 所示。

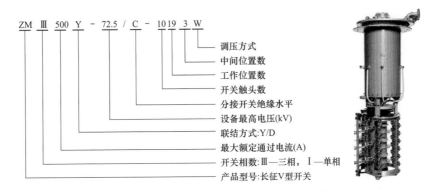

图 10 ZM 系列有载分接开关命名方式及外观

（2）ZV 系列有载分接开关。

ZV 系列有载分接开关为复合式、整体插入式结构，结构紧凑、维修方便、工作可靠。ZV 系列有载分接开关适用于最高的工作电压 40.5kV、72.5kV，最大额定通过电流三相

350A、500A，单相350A、700A，额定频率为50Hz或60Hz的电力变压器。ZV系列有载分接开关命名方式及外观如图11所示。

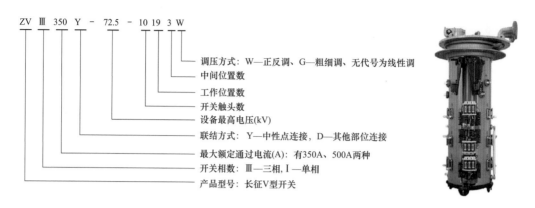

ZV Ⅲ 350 Y - 72.5 - 10 19 3 W

- 调压方式：W—正反调、G—粗细调、无代号为线性调
- 中间位置数
- 工作位置数
- 开关触头数
- 设备最高电压(kV)
- 联结方式：Y—中性点连接，D—其他部位连接
- 最大额定通过电流(A)：有350A、500A两种
- 开关相数：Ⅲ—三相，Ⅰ—单相
- 产品型号：长征V型开关

图11 ZV系列有载分接开关命名方式及外观

（3）ZW系列无励磁分接开关。

ZW系列无励磁分接开关主要包括ZWG型鼓形和ZWL型笼形无励磁分接开关。ZWG型无励磁鼓形分接开关的最高工作电压等级为252kV，最大额定通过电流为3000A，适用于牵引变压器无励磁调压，也适用于各类油浸式电力变压器及工业变压器。ZWG型无励磁分接开关突破多年以来鼓形开关触头过死点换档的缺陷，采用动定触头自动卸加力技术，换档时卸掉动触头压力，工作时加大动触头压力，换档过程动触头脱开，合上手感极强，换档力矩小。ZWL型无励磁分接开关（头部手动、侧面操动）系列产品可用于单相或三相油浸式电力变压器及工业变压器，分接开关转换的方式按照开关内部结构的不同，可分为线性调、正反调、单桥跨接、双桥跨接、Y-D转换、串并联转换，最高工作电压为12kV、40.5kV、72.5kV、126kV，额定电流为300A、600A、800A、1000A。ZWL无励磁分接开关（头部电动）适用于额定频率为50Hz和60Hz，最高工作电压为12～72.5kV，最大额定通过电流为300A、600A的油浸式变压器在无励磁下进行分接变换操作。ZWG型无励磁分接开关命名方式及外观如图12所示。

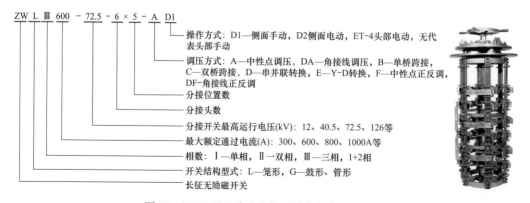

ZW L Ⅲ 600 - 72.5 - 6 × 5 - A D1

- 操作方式：D1—侧面手动，D2侧面电动，ET-4头部电动，无代表头部手动
- 调压方式：A—中性点调压，DA—角接线调压，B—单桥跨接，C—双桥跨接，D—串并联转换，E—Y-D转换，F—中性点正反调，DF-角接线正反调
- 分接位置数
- 分接头数
- 分接开关最高运行电压(kV)：12、40.5、72.5、126等
- 最大额定通过电流(A)：300、600、800、1000A等
- 相数：Ⅰ—单相，Ⅱ—双相，Ⅲ—三相，1+2相
- 开关结构型式：L—笼形，G—鼓形，管形
- 长征无励磁开关

图12 ZWG型无励磁分接开关命名方式及外观

参 考 文 献

[1]　朱英浩，沈大中．有载分接开关电气机理［M］．北京：中国电力出版社，2012.

[2]　张德明．变压器分接开关选型与使用［M］．北京：中国电力出版社，2006.

[3]　郑劲．换流变压器及监造技术［M］．北京：中国电力出版社，2016.

[4]　姚志松，姚磊．有载分接开关实用手册［M］．北京：中国电力出版社，2003.

[5]　陈敢峰，姚集新．变压器分接开关实用技术［M］．北京：中国水利水电出版社，2002.

[6]　张德明．变压器分接开关保养维修技术问答［M］．北京：中国电力出版社，2013.

[7]　张德明．变压器分接开关状态监测与故障诊断［M］．北京：中国电力出版社，2008.

[8]　董小强．有载分接开关的应用［M］．北京：中国电力出版社，2004.

[9]　科雷默尔，沈祖俊．有载分接开关原理和应用［M］．沈阳：辽宁科学技术出版社，2002.

[10]　张德明．变压器真空有载分接开关［M］．北京：中国电力出版社，2015.

[11]　冯仲民．有载分接开关的应用：选型、安装、运行、维护检修、常见故障分析［M］．北京：中国电力出版社，2004.

[12]　王福兴．新型无弧有载分接开关研制的可能性［J］．电网技术，1997，21（07）：54-58.

[13]　张德明．有载分接开关国内现状及其发展动向［J］．变压器，2000，37（1）：36-39.

[14]　吴昊，刘庆时，刘卫东，等．调压变压器有载分接开关机械性能的在线检测［J］．高压电器，2003，39（03）：18-20.

[15]　姜益民．上海电网有载分接开关运行分析［J］．上海电力，2006，19（04）：386-394.

[16]　毛爱华，石瑞生，刘卫东，等．噪声传感检测有载调压分接开关内的局部过热［J］．高电压技术，2002，28（01）：13-14.

[17]　王鹏橙．基于电力电子技术的自动调压分接开关的研究［D］．华北电力大学（北京），2013.

[18]　张国强，李庆民，赵彤．电力变压器有载分接开关机械性能的监测与诊断技术［J］．变压器，2005，42（09）：33-37.

[19]　韩洪刚，王海宽，杨衡，等．电力变压器分接开关故障及其检测技术［J］．变压器，2004，41（12）：35-38.

[20]　赵刚，施围．无弧有载分接开关的研究［J］．高电压技术，2004，30（04）：49-51.

[21] 刘云鹏，丁玉剑，律方成，等. 变压器有载分接开关检测系统的设计 [J]. 高压电器，2007，43（01）：28-31.

[22] 郑婧，何婷婷，郭洁，等. 基于独立成分分析和端点检测的变压器有载分接开关振动信号自适应分离 [J]. 电网技术，2010，34（11）：208-213.

[23] 张惠峰，马宏忠，陈凯，等. 基于振动信号 EMD-HT 时频分析的变压器有载分接开关故障诊断 [J]. 高压电器，2012，48（01）：76-81.

[24] 高鹏，马宏忠，张惠峰，等. 分接开关振动信号 EMD 熵和小波熵的比较 [J]. 电力系统及其自动化学报，2012，24（04）：48-53.

[25] 李赞群，赵立刚. 有载分接开关电动机构常见故障的诊断及处理 [J]. 变压器，1999，36（10）：32-38.

[26] 赵玉林，牛泽晗，李海凤，等. 具有保护功能的配电变压器无触点有载自动调压分接开关 [J]. 电力自动化设备，2016，36（09）：169-175.

[27] 吴畏. 晶闸管有载分接开关 [J]. 高压电器，2004，40（01）：48-49，52.

[28] 陆琳，崔艳华. 基于振动信号的变压器分接开关触头故障诊断 [J]. 电力自动化设备，2012，32（01）：93-97.

[29] 王磊，孔冬. 变压器分接开关油中溶解气体的在线监测 [J]. 电网技术，2008，32（15）：99-102.

[30] 周翔，王丰华，傅坚，等. 基于混沌理论和 K-means 聚类的有载分接开关机械状态监测 [J]. 中国电机工程学报，2015，35（6）：1541-1548.

[31] 徐晨博，王丰华，傅坚，等. 变压器有载分接开关振动测试系统设计与开发 [J]. 仪器仪表学报，2013，34（05）：987-993.

[32] 洪祥，马宏忠，高鹏，等. 基于 EEMD 的有载分接开关触头松动故障诊断 [J]. 华电技术，2012，34（01）：12-15.

[33] 张德明. 分接开关触头过热性故障及其诊断 [J]. 变压器，2008，45（04）：40-44.

[34] 王丹，宋政湘，李朋. 基于高速采集卡有载分接开关交流测试系统的设计 [J]. 高压电器，2013，49（03）：74-78.

[35] 梁贵书，晏阔，高飞，等. 变压器混合式有载分接开关熄弧方法的仿真及试验研究 [J]. 高电压技术，2014，40（10）：3156-3163.

[36] 张浩. 有载调压变压器油路渗透的分析与对策 [J]. 浙江电力，1997，（03）：31-33.

[37] 王世阁，周志强，龚晨斌. 变压器分接开关的故障分析 [J]. 变压器，2003，40（06）：35-39.

[38] 耿伟，耿洁宇. 变压器有载分接开关常见问题的分析和处理 [J]. 变压器，2012，49（03）：71-72.

[39] 赵伟松. 有载调压变压器分接开关故障诊断 [J]. 云南电力技术，2012，40 (04)：31-35.

[40] 胡惠然，魏光华. 湖北电网 100kV 及以上有载分接开关统计分析 [J]. 湖北电力，2001，25 (01)：38-39.

[41] 郭森，苏勇令. 有载分接开关扭矩在线监测 [J]. 高压电器，2005，41 (06)：443-444.

[42] 姚志松. 提高有载分接开关安全运行的措施 [J]. 变压器，2000，37 (12)：35-39.

[43] 赵彤，李庆民，张国强，等. 有载调压分接开关驱动电机旋转角度的在线监测方法 [J]. 高压电器，2005，41 (05)：343-346.

[44] 赵全胜，胡伟，刘新海，等. 110kV 主变压器有载分接开关故障引起重瓦斯跳闸分析 [J]. 变压器，2015，52 (07)：69-70.

[45] 周海滨，刘观伟，颜晓江. 换流变压器有载分接开关切换过程油流涌动仿真研究 [J]. 变压器，2020，57 (02)：31-35.

[46] 刘畅. 油压在线监测系统的设计与模拟试验研究 [D]. 哈尔滨理工大学，2014.

[47] 李如锋，梁奕，穆文革，等. 一种变压器有载分接开关油室压力在线监测系统 [P]，CN108168770A.

[48] 周榆晓，韦德福，刘璐，等. 一种有载分接开关油室压力监测装置及方法 [P]，CN112233925A.

[49] 姜益民. 有载分接开关运行分析及探讨 [J]. 变压器，2009，46 (07)：52-58.

[50] 李孟超，苏涛，吴建辉，等. 基于变压器有载分接开关的研究 [J]. 变压器，2012，49 (02)：59-60.

[51] 龚国勤，袁华明，莫莉晖. 变压器有载分接开关故障分析及维护 [J]. 变压器，2008，45 (02)：35-37.

[52] 张德明. 分接开关压力释放装置的选用与验证 [J]. 变压器，2010，47 (S1)：35-40.

[53] 张德明. 分接开关油室气体继电器的选用与验证 [J]. 变压器，2010，47 (06)：52-58.

[54] 王有元，周婧婧，李俊，等. 电力变压器有载分接开关可靠性评估方法 [J]. 重庆大学学报，2010，33 (07)：42-48.

[55] 王楠，孙成，刘宝成，等. 220kV 变压器有载分接开关气体继电器故障分析 [J]. 变压器，2014，51 (06)：74-76.

[56] 毛爱华，丁齐峰，等. 噪声传感检测有载调压分接开关内的局部过程 [J]. 高电压技术，2002，28 (01)：13-14.

［57］ 高世德. 主变压器有载分接开关的事故防范 ［J］. 变压器，2011，48（10）：43-45.

［58］ 郑坚强，何勇，杨荣. 变压器有载分接开关油路故障分析 ［J］. 变压器，2010，47（B08）：26-29.

［59］ 姜益民，苏勇令，郭森. 有载分接开关故障非电量诊断方法研究 ［J］. 变压器，2007，44（07）：57-61.

［60］ 黄炳洪. 一起主变压器有载分接开关油位异常的分析与处理 ［J］. 高压电器，2004，40（02）：158-159.

［61］ 魏韬，张洪涛，石军，等. 一起 M 型有载分接开关渗油缺陷处理 ［J］. 变压器，2012，50（02）：8-9.

［62］ 段若晨，王丰华，周荔丹. 基于优化 HHT 算法与洛仑兹信息量度的换流变用有载分接开关机械特征提取 ［J］. 中国电机工程学报，2016，36（11）：3101-3109.

［63］ 刘玮，张巍. 一起组合式有载分接开关故障分析 ［J］. 变压器，2006，43（10）：32-33.

［64］ 周凯，罗维，金雷，谢齐家，鲁非. 一起变压器真空有载分接开关故障的分析及改进措施 ［J］. 高电压技术，2018，44（zk2）：57-60.